講義 ： 線形代数

鈴 木 達 夫
穴 太 克 則
共 著

学術図書出版社

はじめに

　本書は理工系の大学 1 年次に履修する「線形代数」の教科書です．線形代数は理工学の各分野で大切ですが，抽象的な概念も多く登場するため，そこを乗り越えるのに苦労する人も少なくありません．本書ではコンパクトさを保ちながらも計算例を多く取り入れて，重要な概念・計算手法をできるだけわかりやすく説明するよう工夫しました．

　数学は，ご存知のように，ただ講義を聴いているだけではなかなか身につかず，ある量の演習が必要です．本書では，その演習を後押しできるように，理解しているかどうかを自ら確認できるようにするため，すべての問と演習に解答を付けました．それゆえに，数学にアレルギーがない文系のみなさんにもお使いいただけるのではないかと思います．

　また，高校新課程として数学を学んだみなさんにも対応して，高校から大学へのスムーズな橋渡しになるように記述することに努めました．とりわけ，高校新課程からはずれた「行列」に関しては，噛み砕いた解説を心がけました．行列を未修のみなさんにお役にたてればと思います．

　本書は，鈴木・穴太がこれまで教鞭をとってきた芝浦工業大学システム理工学部の初年度開講科目「線形代数」や他大学での講義経験を基にしています．わかりにくいところや疑問に思ってしまう箇所，間違えがちな概念や，つまずきがちな計算など，これまでに，たくさんの質問をしてくれた学生たちに感謝します．

　大学初年度の「線形代数」の教科書には素晴らしい本がたくさんありますが，本には相性もあるようです．本書がみなさんお一人おひとりに応えられる一冊になってくれることを願っています．

　本書の出版にあたって，お世話になりました学術図書出版社 高橋秀治氏はじめ編集部の方々に厚くお礼申し上げます．

2015 年 11 月

鈴木達夫・穴太克則

目　　次

1 複素数，空間図形

1.1 複素数とオイラーの公式

複素数に関する基礎事項を復習した後，オイラーの公式について学ぶ.

1.1.1 複素数

複素数は 2 つの実数 a, b と虚数単位 i を用いて

$$z = a + bi$$

と表される．複素数 $z = a + bi$ について，a を z の**実部**，b を z の**虚部**という．虚部が 0 の複素数 $z = a$ を実数と同一視する．また，実部が 0 の複素数 $z = bi$ を**純虚数**という．

複素数 $a + bi$ を点 (a, b) で表す座標平面を**複素平面**という．

複素数 z の**共役複素数**を $\bar{z}$ で表す．すなわち，$\bar{z} = a - bi$ である．

複素平面において，原点 O と複素数 $z = a + bi$ の表す点との距離を，複素数 z の**絶対値**といい，$|z|$ で表す．このとき，次が成り立つ．

$$|z| = \sqrt{z\bar{z}} = \sqrt{a^2 + b^2}$$

問 1.1 複素数 $\dfrac{1}{2 + i}$ を $a + bi$ $(a, b$ は実数$)$ の形に表し，実部，虚部，共役複素数，絶対値を求めよ.

1.1.2　複素数の極形式

複素平面上で，$z = a + bi$ が表す点の極座標を考えると，

$$r = \sqrt{a^2 + b^2},$$
$$a = r\cos\theta, \quad b = r\sin\theta$$

これより，複素数 z は次の形にも表される．

$$z = r(\cos\theta + i\sin\theta)$$

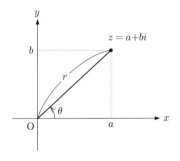

図 1.1

これを複素数 z の**極形式**という．$r = |z|$ である．また，角 θ を z の**偏角**といい，$\arg z$ で表す．偏角 θ は $0 \leq \theta < 2\pi$ の範囲や，$-\pi < \theta \leq \pi$ の範囲でただ1つに定まる．

問 1.2　次の複素数を極形式で表せ．ただし，偏角 θ の範囲を $0 \leq \theta < 2\pi$ とする．

(1)　$1 + i$　　　　　(2)　$-1 + \sqrt{3}i$　　　　　(3)　i

1.1.3　ド・モアブルの定理

次の定理が成り立つ．

定理 1.1 (ド・モアブルの定理)
n が整数のとき，　$(\cos\theta + i\sin\theta)^n = \cos n\theta + i\sin n\theta$

問 1.3　次の手順に従ってド・モアブルの定理を示せ．

(1)　n が自然数のとき，　$(\cos\theta + i\sin\theta)^n = \cos n\theta + i\sin n\theta$　を数学的帰納法で示す．

(2)　$n = 0$ のとき，さらに $z^{-m} = \dfrac{1}{z^m}$ を用いて n が負の整数のときを示す．

1.1.4 オイラーの公式

純虚数 $i\theta$ に対する指数関数を

$$e^{i\theta} = \cos\theta + i\sin\theta$$

で定義する．これを**オイラーの公式**という．これを用いると，z の極形式は次の形にも表される．

$$z = r(\cos\theta + i\sin\theta) = re^{i\theta}$$

定理 1.2　指数関数について次が成り立つ．

(1) $|e^{i\theta}| = 1$

(2) $e^{i\theta_1}e^{i\theta_2} = e^{i(\theta_1+\theta_2)}$

(3) $(e^{i\theta})^n = e^{in\theta}$　（n は整数）

証明　(1) $|e^{i\theta}| = \sqrt{\cos^2\theta + \sin^2\theta} = 1$

(2) 三角関数の加法定理より，

$$e^{i\theta_1}e^{i\theta_2} = (\cos\theta_1 + i\sin\theta_1)(\cos\theta_2 + i\sin\theta_2)$$
$$= \cos\theta_1\cos\theta_2 - \sin\theta_1\sin\theta_2 + i(\sin\theta_1\cos\theta_2 + \cos\theta_1\sin\theta_2)$$
$$= \cos(\theta_1 + \theta_2) + i\sin(\theta_1 + \theta_2)$$
$$= e^{i(\theta_1+\theta_2)}$$

(3) ド・モアブルの定理より，

$$(e^{i\theta})^n = (\cos\theta + i\sin\theta)^n$$
$$= \cos n\theta + i\sin n\theta$$
$$= e^{in\theta}$$
□

問 1.4　次を示せ．

(1) $(e^{i\theta})^{-1} = e^{-i\theta} = \overline{e^{i\theta}}$
　　　(2) $\cos\theta = \dfrac{e^{i\theta} + e^{-i\theta}}{2}$, $\quad \sin\theta = \dfrac{e^{i\theta} - e^{-i\theta}}{2i}$

1.2　空間図形の方程式

1.2.1　直線の方程式

空間において，O を原点とし，点 A の位置ベクトルを $\boldsymbol{a} = \overrightarrow{\mathrm{OA}}$ と表す．

定点 A を通り $\boldsymbol{0}$ でないベクトル $\boldsymbol{u}$ に平行な直線を ℓ とする．このとき，$\boldsymbol{u}$ を ℓ の **方向ベクトル** という．

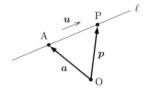

図 1.2

直線 ℓ 上の任意の点 P に対する位置ベクトル $\boldsymbol{p} = \overrightarrow{\mathrm{OP}}$ は，次の形に表される．

$$\boldsymbol{p} = \boldsymbol{a} + t\boldsymbol{u} \quad (t \text{ は任意の実数}) \tag{1.1}$$

これを，**直線 ℓ の媒介変数表示（パラメタ表示）** という．

$\boldsymbol{p} = (x, y, z)$, $\boldsymbol{a} = (a, b, c)$, $\boldsymbol{u} = (u_1, u_2, u_3)$ とおくと，(1.1) は

$$\begin{cases} x = a + tu_1 \\ y = b + tu_2 \qquad (t \text{ は任意の実数}) \\ z = c + tu_3 \end{cases} \tag{1.2}$$

と表せる．方向ベクトル $\boldsymbol{u}$ の成分 u_1, u_2, u_3 がすべて 0 でない場合には，t を消去して，

$$\frac{x - a}{u_1} = \frac{y - b}{u_2} = \frac{z - c}{u_3} \tag{1.3}$$

と表せる．

u_1, u_2, u_3 のいずれかが 0 のときは場合分けが必要となり，たとえば $u_3 = 0$ なら

$$\frac{x - a}{u_1} = \frac{y - b}{u_2} \quad \text{かつ} \quad z = c \tag{1.4}$$

となる．他の場合にも同様の形に表される．

例 1.1　点 $(3, -1, 0)$ を通り，ベクトル $\boldsymbol{u} = (2, 4, 1)$ に平行な直線の媒介変数表示，および座標 x, y, z の方程式はそれぞれ，

$$\begin{cases} x = 3 + 2t \\ y = -1 + 4t \quad (t\text{ は任意の実数}), \quad \dfrac{x-3}{2} = \dfrac{y+1}{4} = z \\ z = t \end{cases}$$

である．

問 1.5　次の直線の媒介変数表示，および座標 x, y, z の方程式をそれぞれ求めよ．

(1) 点 $(2, 0, -1)$ を通り，ベクトル $\boldsymbol{u} = (5, 3, 4)$ に平行な直線．

(2) 2 点 $(-2, 1, 2)$，$(1, -1, 3)$ を通る直線．

1.2.2　平面の方程式

空間において，定点 A を通り $\boldsymbol{0}$ でないベクトル $\boldsymbol{n}$ に垂直な平面を S とする．このとき，$\boldsymbol{n}$ を S の**法線ベクトル**という．

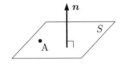

図 1.3

$\boldsymbol{a} = \overrightarrow{\mathrm{OA}}$ とする．平面 S 上の任意の点 P に対する位置ベクトル $\boldsymbol{p} = \overrightarrow{\mathrm{OP}}$ は，次の方程式をみたす．

$$\boldsymbol{n} \cdot (\boldsymbol{p} - \boldsymbol{a}) = 0 \tag{1.5}$$

これを，**平面 S のベクトル方程式**という．

$$\boldsymbol{n} = (a, b, c), \ \boldsymbol{p} = (x, y, z), \ \boldsymbol{a} = (x_0, y_0, z_0)$$

とすると，(1.5) から

$$a(x - x_0) + b(y - y_0) + c(z - z_0) = 0 \tag{1.6}$$

これが，点 $\mathrm{A}(x_0, y_0, z_0)$ を通り，$\boldsymbol{n} = (a, b, c)$ を法線ベクトルとする平面 S の方程式である．

(1.6) を変形すると　$ax + by + cz - (ax_0 + by_0 + cz_0) = 0.$

したがって，一般に平面の方程式は次のような形に表せる．

$$ax + by + cz + d = 0 \tag{1.7}$$

ただし，a, b, c, d は定数で，a, b, c のうち少なくとも 1 つは 0 でない．また，$\boldsymbol{n} = (a, b, c)$ は，この平面の法線ベクトルの 1 つである．

例 1.2　点 $(3, 4, -2)$ を通り，ベクトル $\boldsymbol{n} = (2, -1, 3)$ に垂直な平面の方程式は，

$$2(x - 3) + (-1) \cdot (y - 4) + 3(z + 2) = 0$$

より，

$$2x - y + 3z + 4 = 0$$

である．

例 1.3　2 つの平面

$$x + 2y + 3z = 0 \ \cdots ①, \qquad 4x + 5y + 6z = 0 \ \cdots ②$$

は平行でないので，その交わりは直線（交線）となる．その直線の媒介変数表示を求めよう．② − ① × 4 より，$-3y - 6z = 0$，両辺に $(-1/3)$ を掛けて $y + 2z = 0$．① からこの式の 2 倍を引くと $x - z = 0$．つまり，平面 ① と ② の交線は，平面 $x - z = 0$ と $y + 2z = 0$ の交線と同じである．そこで t を任意の実数として $z = t$ とおくと，$x = t$, $y = -2t$．まとめると，

$$\begin{cases} x = t \\ y = -2t \quad (t \text{ は任意の実数}) \\ z = t \end{cases}$$

が求める直線の媒介変数表示である．

問 1.6　(1) 点 $(0, 2, -1)$ を通り，ベクトル $\boldsymbol{n} = (3, 5, -4)$ に垂直な平面の方程式を求めよ．

(2) 2 つの平面 $x + y + z = 1$, $3x + 2y + z = 2$ の交線の媒介変数表示を求めよ．

1.2.3 球面の方程式

本書では，ベクトル $\boldsymbol{a}$ の大きさを $||\boldsymbol{a}||$ で表す．空間ベクトル $\boldsymbol{a} = (a, b, c)$ に対し，その大きさは $||\boldsymbol{a}|| = \sqrt{a^2 + b^2 + c^2}$ である．

空間において，点 C から一定の距離 r にある点の集合を，中心 C，半径 r の**球面**という．球面上の点 P の位置ベクトル $\boldsymbol{p}$ は，次の方程式をみたす．

図 1.4

$$||\boldsymbol{p} - \boldsymbol{c}|| = r \tag{1.8}$$

これを中心 C，半径 r の**球面のベクトル方程式**という．

中心を $\boldsymbol{c} = (a, b, c)$，$\boldsymbol{p} = (x, y, z)$ とし，ベクトル方程式の両辺を 2 乗して成分で表すと，次の方程式を得る．

$$(x - a)^2 + (y - b)^2 + (z - c)^2 = r^2 \tag{1.9}$$

これを，点 (a, b, c) を中心とする半径 r の**球面の方程式**という．

> **問 1.7** (1) 点 $(3, 2, -5)$ を中心とし，半径 4 の球面の方程式を求めよ．
> (2) 点 $(1, -2, 3)$ を中心とし，点 $(2, 0, -1)$ を通る球面の方程式を求めよ．

────────────1章の演習問題────────────

1.1 (1) $-1 + i = re^{i\theta}$ をみたす実数 r と θ を求めよ．ただし $r > 0$，$0 \le \theta < 2\pi$ とする．

(2) (1) の結果を利用して，$(-1 + i)^4$，$(-1 + i)^6$ を求めよ．

(3) $\omega = \dfrac{-1 + \sqrt{3}i}{2}$ とおくとき，ω^2 を求めよ．さらに関係式

$$1 + \omega + \omega^2 = 0, \quad \bar{\omega} = \omega^2$$

を示せ．

1.2 次の 2 点を通る直線のベクトル方程式を求めよ．

(1) $(1, -2, 3)$, $(2, 4, -4)$ (2) $(0, 1, 5)$, $(3, -1, 5)$

1.3　次の 3 点を通る平面の方程式を求めよ．

(1)　$(1, 0, 0),\ (0, 1, 0),\ (0, 0, 1)$　　　(2)　$(1, -2, 3),\ (2, 4, -4),\ (3, 0, 1)$

1.4　(1)　2 つの平面 $x + 5y - 4z = 3,\ x + 6y - 7z = 2$ の交線の媒介変数表示を求めよ．

(2)　(1) で求めた交線と，平面 $4x + 9y + 5z = 11$ との交点を求めよ．

1.5　(1)　2 点 $(0, -2, 3),\ (2, 6, -5)$ を直径の両端とする球面の方程式を求めよ．

(2)　球面 $x^2 + y^2 + z^2 = 4$ と平面 $x + y + z = 1$ が交わってできる円を含み，$(-1, 1, 2)$ を通る球面の方程式を求めよ．

2　行　列

　いくつかの数を長方形に並べてカッコで囲んだものを行列という．この章で
は行列の定義とその演算を学ぶ．

2.1　行列とその成分

　下の表は，2つのコンビニ P, Q での 1 時間あたりの売上個数をまとめたも
のである．

	パン	おにぎり	ケーキ
P	3	5	4
Q	4	7	2

この表から数値だけを抜き出し，ひとまとめにすると次のようになる．

$$\begin{pmatrix} 3 & 5 & 4 \\ 4 & 7 & 2 \end{pmatrix}$$

　このように数を長方形の形に並べてカッコで囲んだものを**行列**という．ま
た，行列を構成するおのおのの数を，その行列の**成分**という．

　行列の横の並びを**行**といい，上から順に

　　　　第 1 行，第 2 行，第 3 行，…

という．また，縦のならびを**列**といい，左から順に

　　　　第 1 列，第 2 列，第 3 列，…

という．

　そして，第 i 行と第 j 列の交点にある成分を，(i, j) **成分**という．

m 個の行と n 個の列からなる行列を **m 行 n 列の行列**，または **$m \times n$ 行列**という．特に，$n \times n$ 行列を **n 次正方行列**という．1×1 行列は通常の数と同一視する．

行列は A, B などの大文字で表し，その成分を小文字で表す．成分を表すには，添え字をつけた小文字を用いることもある．たとえば，2次正方行列は次のように表す．

$$A = \begin{pmatrix} a & b \\ c & d \end{pmatrix} \quad \text{あるいは} \quad A = \begin{pmatrix} a_{11} & a_{12} \\ a_{21} & a_{22} \end{pmatrix} \tag{2.1}$$

ここで，a_{ij} は行列 A の (i, j) 成分を表す．行列 A を (i, j) 成分で代表させて，$A = (a_{ij})$ のように略記することもある．

問 2.1 $A = (a_{ij})$ が2行3列の行列のとき，(2.1) を参考にして，成分 a_{11} から a_{23} までを長方形に配置した形で行列 A を書け．

m 行 n 列の行列は成分を使って次のように表される．

$$A = \begin{pmatrix} a_{11} & a_{12} & \cdots & a_{1j} & \cdots & a_{1n} \\ a_{21} & a_{22} & \cdots & a_{2j} & \cdots & a_{2n} \\ \vdots & \vdots & \ddots & \vdots & & \vdots \\ a_{i1} & a_{i2} & \cdots & a_{ij} & \cdots & a_{in} \\ \vdots & \vdots & & \vdots & \ddots & \vdots \\ a_{m1} & a_{m2} & \cdots & a_{mj} & \cdots & a_{mn} \end{pmatrix} = (a_{ij})_{m \times n}$$

また，1行だけからなる行列を**行ベクトル**，1列だけからなる行列を**列ベクトル**という．ベクトルであることを強調する場合には $\boldsymbol{a}, \boldsymbol{b}, \boldsymbol{c}$ のように小文字

かつ太字の英字で表す.

$$\text{行ベクトル}: \boldsymbol{a} = (a_1, a_2, \cdots, a_n), \quad \text{列ベクトル}: \boldsymbol{a} = \begin{pmatrix} a_1 \\ a_2 \\ \vdots \\ a_n \end{pmatrix}$$

2つの行列の行の数と列の数がそれぞれ一致するとき, それらは**同じ型**であるという.

定義 2.1　2つの行列 A, B が同じ型で, かつ対応するすべての成分が等しいとき, A と B は**等しい**といい, $A = B$ と書く.

たとえば, $A = \begin{pmatrix} a & b \\ c & d \end{pmatrix}$, $B = \begin{pmatrix} p & q \\ r & s \end{pmatrix}$ のとき,

$$A = B \quad \Leftrightarrow \quad a = p, \ b = q, \ c = r, \ d = s$$

問 2.2　$\begin{pmatrix} a & -3 \\ 2b & -1 \end{pmatrix} = \begin{pmatrix} 3 & u \\ 4 & -v \end{pmatrix}$ のとき, a, b, u, v の値を求めよ.

2.2　行列の和とスカラー倍

2.2.1　行列の和

同じ型の2つの行列 A, B の対応する成分の和を考え, これらを成分とする行列を A と B の**和**といい, $A + B$ と書く. たとえば, 2次正方行列の和は次のように定められる.

$$\begin{pmatrix} a & b \\ c & d \end{pmatrix} + \begin{pmatrix} p & q \\ r & s \end{pmatrix} = \begin{pmatrix} a+p & b+q \\ c+r & d+s \end{pmatrix}$$

2つの $m \times n$ 行列 $A = (a_{ij})$, $B = (b_{ij})$ に対して, それらの和 $A + B$ は

$A + B = (a_{ij} + b_{ij})$, すなわち

$$A + B = \begin{pmatrix} a_{11} + b_{11} & a_{12} + b_{12} & \cdots & a_{1n} + b_{1n} \\ a_{21} + b_{21} & a_{22} + b_{22} & \cdots & a_{2n} + b_{2n} \\ \vdots & \vdots & \ddots & \vdots \\ a_{m1} + b_{m1} & a_{m2} + b_{m2} & \cdots & a_{mn} + b_{mn} \end{pmatrix}$$

で定められる.

> **問 2.3** 次の行列の和を求めよ.
>
> (1) $\begin{pmatrix} 1 \\ 3 \end{pmatrix} + \begin{pmatrix} -3 \\ 2 \end{pmatrix}$　　(2) $\begin{pmatrix} 1 & 2 \\ 3 & -1 \end{pmatrix} + \begin{pmatrix} 1 & 4 \\ 0 & 1 \end{pmatrix}$

すべての成分が零の行列を**零行列**という.たとえば,

$$\begin{pmatrix} 0 & 0 \end{pmatrix}, \qquad \begin{pmatrix} 0 \\ 0 \end{pmatrix}, \qquad \begin{pmatrix} 0 & 0 \\ 0 & 0 \end{pmatrix}$$

などは零行列である.混乱する恐れがなければ,零行列を同じ記号 O で表す.

$$O = \begin{pmatrix} 0 & 0 & \cdots & 0 \\ 0 & 0 & \cdots & 0 \\ \vdots & \vdots & \ddots & \vdots \\ 0 & 0 & \cdots & 0 \end{pmatrix}$$

行列 A に対して,A の各成分の符号を変えた行列を $-A$ で表す.

> **例 2.1** $A = \begin{pmatrix} 1 & 2 \\ 3 & 4 \end{pmatrix}$ に対して,$-A = \begin{pmatrix} -1 & -2 \\ -3 & -4 \end{pmatrix}$

行列の差は $A - B = A + (-B) = (a_{ij} - b_{ij})$ と定める.

一般に,同じ型の行列の和に対して,次が成り立つ.

定理 2.1　　1.　$A + B = B + A$　　交換法則

2.　$(A + B) + C = A + (B + C)$　　結合法則

3.　$A + O = O + A = A$

4.　$A + (-A) = (-A) + A = O$

性質 2. より 3 つの行列の和はカッコを省略して $A + B + C$ と書くことができる.

2.2.2　行列のスカラー倍

A を行列, c を数とする. このとき行列 cA を, A の各成分をそれぞれ c 倍してできる行列であると定める. このことを行列の**スカラー倍**といい, このときの数 c を**スカラー**とよぶ.

たとえば, 2 次正方行列のスカラー倍は次のように定義する.

$$A = \begin{pmatrix} p & q \\ r & s \end{pmatrix} \text{ に対して,} \quad cA = \begin{pmatrix} cp & cq \\ cr & cs \end{pmatrix}$$

$m \times n$ 行列 $A = (a_{ij})$ のスカラー倍 cA は $cA = (ca_{ij})$, すなわち,

$$cA = \begin{pmatrix} ca_{11} & ca_{12} & \cdots & ca_{1n} \\ ca_{21} & ca_{22} & \cdots & ca_{2n} \\ \vdots & \vdots & \ddots & \vdots \\ ca_{m1} & ca_{m2} & \cdots & ca_{mn} \end{pmatrix}$$

とする.

問 2.4　次のスカラー倍の行列を求めよ.

(1)　$2 \begin{pmatrix} 1 & -2 \\ 4 & 3 \end{pmatrix}$　　(2)　$3 \begin{pmatrix} x & 1 \\ y & -3 \\ z & 2 \end{pmatrix}$

行列のスカラー倍の定義から，特に次のことが成り立つ．

$$1A = A, \quad (-1)A = -A$$
$$0A = O, \quad cO = O$$

また，行列 A, B とスカラー c, d に対して，次のことが成り立つ．

定理 2.2

1. $c(A + B) = cA + cB$
2. $(c + d)A = cA + dA$
3. $c(dA) = (cd)A$

これらの性質を用いて，行列を含む式の計算が行える．

例 2.2

$$A = \begin{pmatrix} 3 & 1 \\ 0 & -2 \end{pmatrix}, \ B = \begin{pmatrix} 6 & -3 \\ 1 & 5 \end{pmatrix} \text{ に対して，}$$

$$2(2A - B) - (A - 3B) = 3A + B = \begin{pmatrix} 15 & 0 \\ 1 & -1 \end{pmatrix}$$

問 2.5 例 2.2 の行列 A, B について，次を計算せよ．

(1) $2A + 3B$ (2) $3(A - B) + 2(A + 2B)$

2.3 行列の乗法 (I)

ここでは行列の積について考えてみる．

まず，行列 $\begin{pmatrix} a & b \\ c & d \end{pmatrix}$ と列ベクトル $\begin{pmatrix} x \\ y \end{pmatrix}$ との積を次のように定義する．

$$\begin{pmatrix} a & b \\ c & d \end{pmatrix} \begin{pmatrix} x \\ y \end{pmatrix} = \begin{pmatrix} ax + by \\ cx + dy \end{pmatrix}$$

問 2.6 次の行列の積を計算せよ.

(1) $\begin{pmatrix} 1 & 3 \\ 2 & 4 \end{pmatrix} \begin{pmatrix} 2 \\ -1 \end{pmatrix}$ (2) $\begin{pmatrix} 0 & 1 \\ 1 & 0 \end{pmatrix} \begin{pmatrix} 1 \\ 4 \end{pmatrix}$

次に,2次正方行列 $A = \begin{pmatrix} a & b \\ c & d \end{pmatrix}$, $B = \begin{pmatrix} p & q \\ r & s \end{pmatrix}$ の積 AB を,A の行ベクトルと B の列ベクトルの対応する成分の積の和を作り,次のように定義する.

$$AB = \begin{pmatrix} a & b \\ c & d \end{pmatrix} \begin{pmatrix} p & q \\ r & s \end{pmatrix} = \begin{pmatrix} ap + br & aq + bs \\ cp + dr & cq + ds \end{pmatrix} \tag{2.2}$$

問 2.7 次の行列の積を計算せよ.

(1) $\begin{pmatrix} 1 & 3 \\ 2 & 4 \end{pmatrix} \begin{pmatrix} 2 & -5 \\ -1 & 2 \end{pmatrix}$ (2) $\begin{pmatrix} 0 & 1 \\ 1 & 0 \end{pmatrix} \begin{pmatrix} 1 & -2 \\ 4 & 3 \end{pmatrix}$

2.4 行列の乗法 (II)

2次正方行列 $A = (a_{ij}), B = (b_{ij})$ に対し,以前 (2.2) で定義したやり方で積 AB を書いてみる.

$$AB = \begin{pmatrix} a_{11} & a_{12} \\ a_{21} & a_{22} \end{pmatrix} \begin{pmatrix} b_{11} & b_{12} \\ b_{21} & b_{22} \end{pmatrix} = \begin{pmatrix} a_{11}b_{11} + a_{12}b_{21} & a_{11}b_{12} + a_{12}b_{22} \\ a_{21}b_{11} + a_{22}b_{21} & a_{21}b_{12} + a_{22}b_{22} \end{pmatrix}$$

$(1,1)$ 成分は $a_{11}b_{11} + a_{12}b_{21} = \displaystyle\sum_{k=1}^{2} a_{1k}b_{k1}$, $(1,2)$ 成分は $a_{11}b_{12} + a_{12}b_{22} = \displaystyle\sum_{k=1}^{2} a_{1k}b_{k2}$, 同様に見ていくと，添え字に次の規則性があることに気づくだろう．

$$AB \text{ の } (i,j) \text{ 成分は} \qquad a_{i1}b_{1j} + a_{i2}b_{2j} = \sum_{k=1}^{2} a_{ik}b_{kj}$$

行列 A と行列 B の積 AB は，A の列数と B の行数が等しいときに限って定義される．$A = (a_{ij})$ を $\ell \times m$ 行列，$B = (b_{ij})$ を $m \times n$ 行列とする．このとき AB を次のように定義する．

$$(AB)_{ij} = \sum_{k=1}^{m} a_{ik}b_{kj}$$

ただし，$(AB)_{ij}$ は AB の (i,j) 成分を表し，AB は $\ell \times n$ 行列となる．すなわち，

$$
AB = \begin{pmatrix} a_{11} & \cdots & a_{1j} & \cdots & a_{1m} \\ \vdots & & \vdots & & \vdots \\ a_{i1} & \cdots & a_{ij} & \cdots & a_{im} \\ \vdots & & \vdots & & \vdots \\ a_{l1} & \cdots & a_{lj} & \cdots & a_{lm} \end{pmatrix} \begin{pmatrix} b_{11} & \cdots & b_{1j} & \cdots & b_{1n} \\ \vdots & & \vdots & & \vdots \\ b_{i1} & \cdots & b_{ij} & \cdots & b_{in} \\ \vdots & & \vdots & & \vdots \\ b_{m1} & \cdots & b_{mj} & \cdots & b_{mn} \end{pmatrix}
$$

$$
= \begin{pmatrix} c_{11} & \cdots & c_{1j} & \cdots & c_{1n} \\ \vdots & & \vdots & & \vdots \\ c_{i1} & \cdots & c_{ij} & \cdots & c_{in} \\ \vdots & & \vdots & & \vdots \\ c_{l1} & \cdots & c_{lj} & \cdots & c_{ln} \end{pmatrix}
$$

ここで,

$$c_{ij} = \sum_{k=1}^{m} a_{ik}b_{kj}, \qquad 1 \le i \le \ell, \quad 1 \le j \le n$$

である.

問 2.8

$$X = \begin{pmatrix} 3 & 5 & 1 & 0 \\ 4 & 7 & 0 & 1 \\ 0 & 0 & 4 & 3 \\ 0 & 0 & -1 & 1 \end{pmatrix}, \quad Y = \begin{pmatrix} 0 & 1 & 2 & 0 \\ -1 & 0 & 0 & 3 \\ 0 & 0 & 5 & 0 \\ 0 & 0 & 1 & 2 \end{pmatrix}$$

に対し, 積 XY を求めよ.

2.4.1 行列の乗法の性質

積がすべて定義されている行列に対して, 次が成り立つ.

定理 2.3

1. $(AB)C = A(BC)$ 結合法則
2. $A(B + C) = AB + AC$ 分配法則
3. $(A + B)C = AC + BC$
4. $(cA)B = A(cB) = c(AB)$ (c はスカラー)

証明:1.のみ示す.

$$\begin{aligned}
[(AB)C]_{ij} &= \sum_{l=1}^{n} (AB)_{il}c_{lj} \\
&= \sum_{l=1}^{n} \left(\sum_{k=1}^{m} a_{ik}b_{kl} \right) c_{lj} = \sum_{k=1}^{m} a_{ik} \left(\sum_{l=1}^{n} b_{kl}c_{lj} \right) \\
&= \sum_{k=1}^{m} a_{ik}(BC)_{kj} = [A(BC)]_{ij} \qquad \qquad \square
\end{aligned}$$

単位行列

n 次正方行列で, $(1,1)$ 成分, $(2,2)$ 成分, $\cdots$, (n,n) 成分がすべて 1 で, 他の成分がすべて 0 である行列を n 次の**単位行列**といい, 本書では E で表す.

たとえば,

$$\begin{pmatrix} 1 & 0 \\ 0 & 1 \end{pmatrix}, \quad \begin{pmatrix} 1 & 0 & 0 \\ 0 & 1 & 0 \\ 0 & 0 & 1 \end{pmatrix}$$

はそれぞれ 2 次, 3 次の単位行列である.

正方行列 A に対し, 同じ型の単位行列 E および零行列 O について, 次の式が成り立つ.

$$AE = EA = A$$
$$AO = OA = O$$

問 2.9 2 次正方行列 A に対して, 上の 2 つの式が成り立つことを確かめよ.

正方行列 A について, A の n 個の積を A^n と書く. たとえば,

$$AA = A^2, \quad AAA = A^3$$

問 2.10 次の行列 A について, A^2, A^3, A^4 を計算せよ.

(1) $A = \begin{pmatrix} 1 & a \\ 0 & 1 \end{pmatrix}$ (2) $A = \begin{pmatrix} a & 0 \\ 0 & b \end{pmatrix}$

行列の積に関しては, **交換法則は成り立たない**. すなわち, 一般には,

$$AB \neq BA \quad \text{(積の順序を入れかえると結果が違ってくる)}$$

であり,

$$AB = BA$$
であるときは, A と B は**交換可能**または**可換**という.

$AB \neq BA$ のときは A と B は**非可換**という．行列の積の計算では，この非可換な性質に注意を払う必要がある．

例 2.3 $A = \begin{pmatrix} 1 \\ 2 \end{pmatrix}$, $B = \begin{pmatrix} 3 & -1 \end{pmatrix}$ のとき，

$$AB = \begin{pmatrix} 1 \\ 2 \end{pmatrix} \begin{pmatrix} 3 & -1 \end{pmatrix} = \begin{pmatrix} 1 \cdot 3 & 1 \cdot (-1) \\ 2 \cdot 3 & 2 \cdot (-1) \end{pmatrix} = \begin{pmatrix} 3 & -1 \\ 6 & -2 \end{pmatrix},$$

$$BA = \begin{pmatrix} 3 & -1 \end{pmatrix} \begin{pmatrix} 1 \\ 2 \end{pmatrix} = 3 \cdot 1 + (-1) \cdot 2 = 1$$

であるので，$AB \neq BA$ である．

問 2.11 行列 $A = \begin{pmatrix} 0 & 1 \\ 2 & 0 \end{pmatrix}$, $B = \begin{pmatrix} 3 & 1 \\ 0 & 2 \end{pmatrix}$ に対して，次の計算をせよ．また，(1), (2), (3) の結果を比較せよ．

(1) $A^2 - B^2$ (2) $(A+B)(A-B)$ (3) $A^2 - AB + BA - B^2$

また，行列の積では，$A \neq O$, $B \neq O$ であるが $AB = O$ となることがある．このような A, B を**零因子**という．

例 2.4 $A = \begin{pmatrix} 1 & 2 \\ 2 & 4 \end{pmatrix}$, $B = \begin{pmatrix} 2 & -6 \\ -1 & 3 \end{pmatrix}$ のとき，

$$AB = \begin{pmatrix} 1 & 2 \\ 2 & 4 \end{pmatrix} \begin{pmatrix} 2 & -6 \\ -1 & 3 \end{pmatrix} = \begin{pmatrix} 0 & 0 \\ 0 & 0 \end{pmatrix}$$

零因子があることから，行列の乗法では

$$AB = O \quad \Rightarrow \quad A = O \text{ または } B = O$$

は，一般には成り立たない．

2.4.2 逆行列

A を正方行列, E を A と同じ型の単位行列とするとき,

$$AB = BA = E$$

をみたす正方行列 B が存在するならば, B を A の**逆行列**といい, A^{-1} で表す. すなわち,

$$AA^{-1} = A^{-1}A = E.$$

逆行列 A^{-1} はいつでも存在するとは限らないが, 存在するときはただ1つ である. 逆行列が存在する正方行列を, **正則行列**という.

2次正方行列の行列式と逆行列

2次正方行列 $A = \begin{pmatrix} a & b \\ c & d \end{pmatrix}$ に対し, 値 $ad - bc$ を A の**行列式 (deter-minant)** といい, $|A|$ または $\det(A)$ で表す. 成分をもちいて $\begin{vmatrix} a & b \\ c & d \end{vmatrix}$ と 表すことも多い.

$A = \begin{pmatrix} a & b \\ c & d \end{pmatrix}$ に対し, $\begin{pmatrix} d & -b \\ -c & a \end{pmatrix}$ という行列を考えると,

$$\begin{pmatrix} a & b \\ c & d \end{pmatrix}\begin{pmatrix} d & -b \\ -c & a \end{pmatrix} = \begin{pmatrix} d & -b \\ -c & a \end{pmatrix}\begin{pmatrix} a & b \\ c & d \end{pmatrix}$$

$$= \begin{pmatrix} ad - bc & 0 \\ 0 & ad - bc \end{pmatrix} = |A|\begin{pmatrix} 1 & 0 \\ 0 & 1 \end{pmatrix}$$

よって, $|A| \neq 0$ のとき, A の逆行列は次の式で与えられる.

$$A^{-1} = \frac{1}{|A|}\begin{pmatrix} d & -b \\ -c & a \end{pmatrix} \tag{2.3}$$

問 **2.12**　$A = \begin{pmatrix} 1 & 2 \\ 3 & 4 \end{pmatrix}$ の逆行列を求めよ.

　一般の次数の正方行列の逆行列を表示するには，後に学ぶ行列式の理論が必要となる（4章参照）. また，連立1次方程式の解法を応用して具体的に求める方法もある（3章参照）.

ケーリー・ハミルトンの定理

2次正方行列 $A = \begin{pmatrix} a & b \\ c & d \end{pmatrix}$ に対して, 次の恒等式が成り立つ.

$$A^2 - (a+d)A + (ad - bc)E = O$$

これを**ケーリー・ハミルトンの定理**という. A が n 次正方行列でも同様の定理が成り立つことが知られている.

問 **2.13**　$A = \begin{pmatrix} a & b \\ c & d \end{pmatrix}$ に対して, $A^2 - (a+d)A$ を計算し, $-(ad-bc)E$ に一致することを確かめよ.

例 **2.5**　$A = \begin{pmatrix} 1 & 2 \\ 3 & 4 \end{pmatrix}$ に対して, $A^2 - 5A - 2E = O$ が成り立つ. これを $E = \dfrac{1}{2}A(A - 5E)$ と書きなおせば, A^{-1} が次のようにして計算できる.

$$A^{-1} = \frac{1}{2}(A - 5E) = \frac{1}{2}\begin{pmatrix} -4 & 2 \\ 3 & -1 \end{pmatrix}$$

問 **2.14**　$A = \begin{pmatrix} 2 & 1 \\ 1 & 2 \end{pmatrix}$ に対し, ケーリー・ハミルトンの定理を利用して A^2, A^3, A^4 を求めよ.

> **定義 2.2**　行列 A に対し，その行と列を入れかえたものを**転置行列**といい，^tA, A^T などと表す．$A = (a_{ij})$ に対して，^tA の (i,j) 成分は a_{ji} である．行列 A が $m \times n$ 行列のとき，転置行列 ^tA は $n \times m$ 行列となる．

例 2.6

$$^t\begin{pmatrix} a & b & c \\ d & e & f \end{pmatrix} = \begin{pmatrix} a & d \\ b & e \\ c & f \end{pmatrix}$$

例 2.7　行ベクトルの転置は列ベクトルとなる．

$$^t(a_1, a_2, \cdots, a_n) = \begin{pmatrix} a_1 \\ a_2 \\ \vdots \\ a_n \end{pmatrix}$$

> **定理 2.4**　転置行列に関しては次が成り立つ．
> 1. $^t(^tA) = A$
> 2. $^t(A + B) = {}^tA + {}^tB$
> 3. $^t(cA) = c\,{}^tA$　　　　(c はスカラー)
> 4. $^t(AB) = {}^tB\,{}^tA$

行列の成分が複素数のとき，各成分の複素共役をとる操作を $\overline{A}$ で表す．すなわち，$(\overline{A})_{ij} = \overline{a_{ij}}$ である．また，複素共役と転置の両方をとる操作（**共役転置**）をしたものを A^* で表し，A の**随伴行列**という．

$$A^* = {}^t(\overline{A}) = \overline{{}^tA}.$$

2.5 正方行列

n 次正方行列

$$A = \begin{pmatrix} a_{11} & a_{12} & \cdots & a_{1n} \\ a_{21} & a_{22} & \cdots & a_{2n} \\ \vdots & \vdots & \ddots & \vdots \\ a_{n1} & a_{n2} & \cdots & a_{nn} \end{pmatrix}$$

において，左上から右下に向かう対角線に位置する成分

$$a_{11}, \ a_{22}, \ \cdots, \ a_{nn}$$

を A の**対角成分**という．

次の形の行列を**上三角行列**という．

$$\begin{pmatrix} a_{11} & a_{12} & \cdots & a_{1n} \\ & a_{22} & \cdots & a_{2n} \\ & & \ddots & \vdots \\ O & & & a_{nn} \end{pmatrix}$$

また，次の形の行列を**下三角行列**という．

$$\begin{pmatrix} a_{11} & & & O \\ a_{21} & a_{22} & & \\ \vdots & \vdots & \ddots & \\ a_{n1} & a_{n2} & \cdots & a_{nn} \end{pmatrix}$$

さらに，対角成分以外の成分がすべて 0 である行列を**対角行列**という．

$$\begin{pmatrix} a_{11} & & & O \\ & a_{22} & & \\ & & \ddots & \\ O & & & a_{nn} \end{pmatrix}$$

対角成分がすべて 1 である対角行列が単位行列 E であり，特に次数を明示したいときには E_n と書く．記号 δ_{ij} を

$$\delta_{ij} = \begin{cases} 1 & (i = j) \\ 0 & (i \neq j) \end{cases}$$

とおけば，単位行列 E は δ_{ij} を (i, j) 成分とする行列 $E = (\delta_{ij})$ で表される．この δ_{ij} を**クロネッカーのデルタ**という．

また，

$$aE = \begin{pmatrix} a & & & O \\ & a & & \\ & & \ddots & \\ O & & & a \end{pmatrix}$$

の形の対角行列を**スカラー行列**という．

> **例 2.8** $\begin{pmatrix} 5 & 1 & -1 \\ 0 & 2 & 4 \\ 0 & 0 & 3 \end{pmatrix}$ は上三角行列，$\begin{pmatrix} 5 & 0 & 0 \\ 0 & 2 & 0 \\ 0 & 0 & 3 \end{pmatrix}$ は対角行列である．

対称行列・交代行列

n 次正方行列 A が

$^tA = A$，すなわち $a_{ij} = a_{ji}$ をみたすとき，**対称行列**という．また，$^tA = -A$，すなわち $a_{ij} = -a_{ji}$ をみたすとき，**交代行列**という．

> **例 2.9** 3 次の対称行列は $\begin{pmatrix} a & p & q \\ p & b & r \\ q & r & c \end{pmatrix}$ の形であり，3 次の交代行列は
>
> $\begin{pmatrix} 0 & p & q \\ -p & 0 & r \\ -q & -r & 0 \end{pmatrix}$ の形である．

> **問 2.15** 正方行列 A に対し，$A + {}^tA$ は対称行列，$A - {}^tA$ は交代行列であることを示せ．

エルミート行列 (Hermite)・歪エルミート行列

（複素）正方行列 A が

> $A^* = A$，すなわち $a_{ij} = \overline{a_{ji}}$ をみたすとき**エルミート行列**という．また，$A^* = -A$，すなわち $a_{ij} = -\overline{a_{ji}}$ をみたすとき**歪エルミート行列**という．

エルミート行列の対角成分はすべて実数であり，歪エルミート行列の対角成分はすべて純虚数である．

例 2.10 $\begin{pmatrix} 2 & i & 3 \\ -i & -1 & 1+2i \\ 3 & 1-2i & 0 \end{pmatrix}$ はエルミート行列，

$\begin{pmatrix} 2i & -1 & 3i \\ 1 & -i & -2+i \\ 3i & 2+i & 0 \end{pmatrix}$ は歪エルミート行列である．

> **定義 2.3** n 次正方行列 $A = (a_{ij})$ に対して，対角成分 a_{ii} $(i = 1, \cdots, n)$ の和を，A の**トレース (trace)** といい，$\mathrm{Tr}\,A$ で表す．
>
> $$\mathrm{Tr}\,A = \sum_{i=1}^{n} a_{ii}$$

トレースについて，次の性質が成り立つ．

> 1. $\mathrm{Tr}\,(cA) = c\mathrm{Tr}\,A$ $\qquad$ (c はスカラー)
> 2. $\mathrm{Tr}\,(A + B) = \mathrm{Tr}\,A + \mathrm{Tr}\,B$
> 3. $\mathrm{Tr}\,(AB) = \mathrm{Tr}\,(BA)$

2.6　逆行列の性質

2.4.2節で定義したように，正方行列 A に対し，$AB = BA = E$ をみたす正方行列 B を A の逆行列といって A^{-1} で表し，逆行列をもつ正方行列を正則行列というのであった．

定理 2.5　A, B が正則行列のとき，次が成り立つ．

1.　AB も正則行列で，$(AB)^{-1} = B^{-1}A^{-1}$

2.　A^{-1} も正則行列で，$(A^{-1})^{-1} = A$

直交行列・ユニタリ行列

n 次正方行列 A が

$$^tAA = A^tA = E, \quad \text{すなわち} \quad A^{-1} = {}^tA$$

をみたすとき，A を**直交行列**という．また，

$$A^*A = AA^* = E, \quad \text{すなわち} \quad A^{-1} = A^*$$

をみたすとき，A を**ユニタリ行列**という．

2次正方行列で，直交行列，ユニタリ行列の例を挙げる．

例 2.11

$$\text{直交行列}: \frac{1}{\sqrt{2}} \begin{pmatrix} 1 & -1 \\ 1 & 1 \end{pmatrix}, \quad \text{ユニタリ行列}: \frac{1}{\sqrt{2}} \begin{pmatrix} 1 & i \\ i & 1 \end{pmatrix}$$

例 2.12　$R = \begin{pmatrix} \cos\theta & -\sin\theta \\ \sin\theta & \cos\theta \end{pmatrix}$ は直交行列である（回転行列とよばれる）．

問 2.16　例 2.12 を確かめよ．

2.7　ブロック分けされた行列

　1つの行列をいくつかの横線と縦線で区切ることを行列の**分割**という. たとえば,

$$A = \left(\begin{array}{cc|cc} 3 & 5 & 2 & -1 \\ 4 & 7 & 1 & 2 \\ \hline 1 & 0 & 4 & 3 \end{array} \right)$$

行列を分割して表すことを**ブロック分割**するという. 上の例において,

$$P = \left(\begin{array}{cc} 3 & 5 \\ 4 & 7 \end{array} \right), \quad Q = \left(\begin{array}{cc} 2 & -1 \\ 1 & 2 \end{array} \right),$$

$$R = \left(\begin{array}{cc} 1 & 0 \end{array} \right), \quad S = \left(\begin{array}{cc} 4 & 3 \end{array} \right)$$

とおけば,

$$A = \left(\begin{array}{cc} P & Q \\ R & S \end{array} \right)$$

とブロック分割される.

　行列を列ベクトルの集まりとみるブロック分割はよく使われる. たとえば,

$$B = \left(\begin{array}{c|c} b_{11} & b_{12} \\ b_{21} & b_{22} \end{array} \right) = \left(\begin{array}{cc} \boldsymbol{b}_1 & \boldsymbol{b}_2 \end{array} \right).$$

行列のブロック分割による積の計算

　各ブロックごとの積が定義できるように行列がブロック分けされていれば, 次のような計算ができる. 例として, 次のブロック分けされた行列 X, Y を考える.

$$X = \left(\begin{array}{cc} A & B \\ C & D \end{array} \right), \quad Y = \left(\begin{array}{cc} P & Q \\ R & S \end{array} \right)$$

このとき, 積 XY は次のように計算することができる.

$$XY = \left(\begin{array}{cc} AP + BR & AQ + BS \\ CP + DR & CQ + DS \end{array} \right).$$

次の計算は覚えておくと非常に便利である.

A_1, B_1 が m 次正方行列，A_2, B_2 が n 次正方行列のとき，

$$\begin{pmatrix} A_1 & O \\ O & A_2 \end{pmatrix}\begin{pmatrix} B_1 & O \\ O & B_2 \end{pmatrix} = \begin{pmatrix} A_1 B_1 & O \\ O & A_2 B_2 \end{pmatrix}.$$

また，行列 B を列ベクトルを用いて

$$B = \begin{pmatrix} \boldsymbol{b}_1 & \boldsymbol{b}_2 & \cdots & \boldsymbol{b}_n \end{pmatrix}$$

とブロック分割すれば，

$$AB = A\begin{pmatrix} \boldsymbol{b}_1 & \boldsymbol{b}_2 & \cdots & \boldsymbol{b}_n \end{pmatrix} = \begin{pmatrix} A\boldsymbol{b}_1 & A\boldsymbol{b}_2 & \cdots & A\boldsymbol{b}_n \end{pmatrix}.$$

問 2.17　ブロック分けの計算を利用して

$$X = \left(\begin{array}{cc|cc} 3 & 5 & 1 & 0 \\ 4 & 7 & 0 & 1 \\ \hline 0 & 0 & 4 & 3 \\ 0 & 0 & -1 & 1 \end{array}\right), \quad Y = \left(\begin{array}{cc|cc} 0 & 1 & 2 & 0 \\ -1 & 0 & 0 & 3 \\ \hline 0 & 0 & 5 & 0 \\ 0 & 0 & 1 & 2 \end{array}\right)$$

に対し，積 XY を求めよ.

────────────2章の演習問題────────────

2.1　次の行列の積を計算せよ.

(1) $\begin{pmatrix} 1 & 4 \\ 0 & 5 \end{pmatrix}\begin{pmatrix} 3 \\ 1 \end{pmatrix}$　　(2) $\begin{pmatrix} 2 & 1 \\ -1 & 3 \end{pmatrix}\begin{pmatrix} 3 & -2 \\ 4 & -1 \end{pmatrix}$

(3) $\begin{pmatrix} 2 & -3 \\ -1 & 5 \end{pmatrix}\begin{pmatrix} 5 & 3 \\ 1 & 2 \end{pmatrix}$　　(4) $\begin{pmatrix} 2 & 0 & 3 \\ 1 & -2 & 4 \end{pmatrix}\begin{pmatrix} 1 \\ 3 \\ 0 \end{pmatrix}$

(5) $\begin{pmatrix} 1 & -1 & 2 \end{pmatrix}\begin{pmatrix} 3 & -1 \\ 0 & 5 \\ 2 & 0 \end{pmatrix}$　　(6) $\begin{pmatrix} x & y \end{pmatrix}\begin{pmatrix} a & b \\ b & c \end{pmatrix}\begin{pmatrix} x \\ y \end{pmatrix}$

2.2 行列 $A = \begin{pmatrix} 4 & -2 \\ 3 & -1 \end{pmatrix}$ について, 以下のものを求めよ.

(1) $3A - A^2$ (2) A の行列式 $|A|$ (3) A の逆行列 A^{-1}

2.3 $A = \begin{pmatrix} 2 & 1 \\ 1 & 2 \end{pmatrix}$, $B = \begin{pmatrix} -1 & 1 \\ 1 & 3 \end{pmatrix}$ とするとき, 次の行列を求めよ.

(1) AB (2) BA (3) ^tA (4) $^t(AB)$ (5) $\dfrac{1}{2}(AB + BA)$

2.4 (1) 次の行列が対称行列であるように a, b, c の値を定めよ.

(i) $\begin{pmatrix} 3 & -a \\ a+4 & 1 \end{pmatrix}$ (ii) $\begin{pmatrix} 4 & a & b+1 \\ 3 & 2 & c \\ a-1 & b+5 & 1 \end{pmatrix}$

(2) $X = \begin{pmatrix} a & b \\ c & d \end{pmatrix}$ が交代行列のとき, $a = d = 0$, $c = -b$ を示せ.

2.5 (i, j) 成分 a_{ij} が次のように与えられる 3 次正方行列 $A = (a_{ij})$ を具体的に書け.

(1) $a_{ij} = (-1)^{i+j}$ (2) $a_{ij} = \delta_{ij}$ (3) $a_{ij} = \delta_{i,j+1}$

2.6 任意の正方行列は, 対称行列と交代行列の和として表せることを示せ.

2.7 対称行列でかつ交代行列である行列は零行列に限ることを示せ.

2.8 次の等式をみたす x, y を求めよ.

$$\begin{pmatrix} 1 & -1 \\ 2 & -4 \end{pmatrix} \begin{pmatrix} x \\ y \end{pmatrix} = \begin{pmatrix} 3 \\ 8 \end{pmatrix}.$$

2.9 $\begin{pmatrix} a & 0 & 0 \\ 0 & b & 0 \\ 0 & 0 & c \end{pmatrix}$ と $\begin{pmatrix} 0 & 0 & 1 \\ 0 & 1 & 0 \\ 1 & 0 & 0 \end{pmatrix}$ は可換かどうか調べよ.

2.10 ブロック分けされた次の行列 A に対して, A^2, A^3 を求めよ.

$$A = \left(\begin{array}{cc|cc} 1 & a & 0 & 0 \\ 0 & 1 & 0 & 0 \\ \hline 0 & 0 & 1 & b \\ 0 & 0 & 0 & 1 \end{array} \right).$$

3 連立1次方程式

　行列を変形して連立1次方程式を解くことを学ぶ．この章で学ぶ計算手順と考え方は線形代数においてとても重要であり，後に出てくる抽象的な概念を理解する手掛かりにもなるので，しっかりマスターしてもらいたい．

3.1　掃き出し法

　最初に，2つの変数 x, y に関する連立1次方程式を考える．次の例でみるように，連立1次方程式には常に解が存在するわけではない．また，存在するとしても，ただ1つであるとは限らない．

> **例 3.1**　次の連立1次方程式を解け．
>
> (a) $\begin{cases} x - y = 3 & \cdots ① \\ 2x - 4y = 8 & \cdots ② \end{cases}$　(b) $\begin{cases} x - 2y = 3 & \cdots ① \\ 2x - 4y = 8 & \cdots ② \end{cases}$
>
> (c) $\begin{cases} x - 2y = 4 & \cdots ① \\ 2x - 4y = 8 & \cdots ② \end{cases}$

解答 3.1　(a) ②＋①×(-2) より，$-2y = 2$．この式を $-1/2$ 倍して $y = -1$．この式を ① に加えて $x = 2$．
$$\underline{\text{答：} x = 2,\ y = -1.}$$

　(b) ②＋①×(-2) とすると，$0 = 2$ となり，矛盾した式が出てきてしまうので，解は存在しない．
$$\underline{\text{答：解なし．}}$$

　(c) ②＋①×(-2) より，$0 = 0$．これは ② 式が ① 式と一致することを意味する．よって ① 式のみ考えればよく，解は無数に存在する．それを表現するには，任意定数 c を用いて $y = c$ とおくと $x = 2c + 4$．

答：$x = 2c + 4,\ y = c$（c は任意定数）.

この例 3.1 の計算を，行列を用いた変形に翻訳していこう.

まず，2 変数 x, y に関する連立 1 次方程式

$$\begin{cases} ax + by = p \\ cx + dy = q \end{cases} \tag{3.1}$$

は，2 次正方行列 $A = \begin{pmatrix} a & b \\ c & d \end{pmatrix}$ および列ベクトル $\boldsymbol{x} = \begin{pmatrix} x \\ y \end{pmatrix}$，$\boldsymbol{b} = \begin{pmatrix} p \\ q \end{pmatrix}$ を用いて，

$$\begin{pmatrix} a & b \\ c & d \end{pmatrix} \begin{pmatrix} x \\ y \end{pmatrix} = \begin{pmatrix} p \\ q \end{pmatrix}, \quad \text{すなわち} \quad A\boldsymbol{x} = \boldsymbol{b} \tag{3.2}$$

と表せる. (3.2) の左辺に現れる行列 A を**係数行列**とよぶ. さらに，次のようにまとめた行列

$$\tilde{A} = \left(A \mid \boldsymbol{b} \right) = \left(\begin{array}{cc|c} a & b & p \\ c & d & q \end{array} \right) \tag{3.3}$$

を**拡大係数行列**とよぶ. ここで，A と $\boldsymbol{b}$ を分ける縦線は必要でなければ省略してもよい.

まず，例 3.1 (a) の式変形を，拡大係数行列を使って表してみる.

$$\left(\begin{array}{cc|c} 1 & -1 & 3 \\ 2 & -4 & 8 \end{array} \right) \to \left(\begin{array}{cc|c} 1 & -1 & 3 \\ 0 & -2 & 2 \end{array} \right) \to \left(\begin{array}{cc|c} 1 & -1 & 3 \\ 0 & 1 & -1 \end{array} \right) \to \left(\begin{array}{cc|c} 1 & 0 & 2 \\ 0 & 1 & -1 \end{array} \right)$$

$$\quad\quad ② + ① \times (-2) \quad\quad\quad\quad ② \times (-1/2) \quad\quad\quad\quad ① + ②$$

ここで，①，② は，そのひとつ前の行列の第 1 行，第 2 行を表し，① + ② は "第 1 行に第 2 行を足した結果を新しい第 1 行とする" ことを表す.

この形に表す利点は，矢印を逆にたどって前に戻ることができることで，最後の簡単な形が最初の複雑な形と同値であることを表している.

　このようにして解を求めることを**掃き出し法**といい，一つひとつの「→」に対応する変形を**行基本変形**という.

　例 3.1(b), (c) についても同様の形に書きなおしてみよう.

(b)
$$\begin{pmatrix} 1 & -2 & 3 \\ 2 & -4 & 8 \end{pmatrix} \rightarrow \begin{pmatrix} 1 & -2 & 3 \\ 0 & 0 & 2 \end{pmatrix}$$
②＋①×(−2)

(c)
$$\begin{pmatrix} 1 & -2 & 4 \\ 2 & -4 & 8 \end{pmatrix} \rightarrow \begin{pmatrix} 1 & -2 & 4 \\ 0 & 0 & 0 \end{pmatrix}$$
②＋①×(−2)

(b) と (c) の違いは，右下が 0 かどうかである．縦線より左がすべて 0 の行の一番右の数が 0 でなければ，$0 \cdot x + 0 \cdot y = 2$ のように矛盾した式を表し，解なしとなる．一方，そのような行がなければ，解が存在する．この違いは，後の節で「行列の**階数 (rank)**」という言葉で説明される.

基本変形

ここで，一般の行基本変形を定義する.

> **定義 3.1 (行基本変形)**　与えられた行列 A に対して，
>
> (I)　1つの行に，他の行の定数倍を加える.
>
> (II)　1つの行を定数倍する（ただし定数は 0 ではない）.
>
> (III)　2つの行を入れかえる.
>
> という 3 種類の変形を**行基本変形**という.

　たとえば，例 3.1 の「②＋①×(−2)」，「①＋②」は変形 (I) である．また，「②×(−1/2)」は変形 (II) である．変形 (III) は，2 つの式を入れかえることに対応する.

　連立 1 次方程式を，拡大係数行列の行基本変形を用いて解く方法が掃き出し法である.

例 **3.2** 次の連立 1 次方程式を掃き出し法で解く.

$$\begin{cases} x_1 + x_2 + 5x_3 = 6 \\ x_1 + 3x_2 + x_3 = -2 \\ -x_1 + x_2 + 2x_3 = -3 \end{cases}$$

解答 3.2 与えられた連立 1 次方程式は

$$\begin{pmatrix} 1 & 1 & 5 \\ 1 & 3 & 1 \\ -1 & 1 & 2 \end{pmatrix} \begin{pmatrix} x_1 \\ x_2 \\ x_3 \end{pmatrix} = \begin{pmatrix} 6 \\ -2 \\ -3 \end{pmatrix}$$

と書きなおせるので,その拡大係数行列は

$$\left(\begin{array}{ccc|c} 1 & 1 & 5 & 6 \\ 1 & 3 & 1 & -2 \\ -1 & 1 & 2 & -3 \end{array} \right)$$

である.これに行基本変形を行う.

$$\left(\begin{array}{ccc|c} 1 & 1 & 5 & 6 \\ 1 & 3 & 1 & -2 \\ -1 & 1 & 2 & -3 \end{array} \right) \rightarrow \left(\begin{array}{ccc|c} 1 & 1 & 5 & 6 \\ 0 & 2 & -4 & -8 \\ 0 & 2 & 7 & 3 \end{array} \right) \rightarrow \left(\begin{array}{ccc|c} 1 & 1 & 5 & 6 \\ 0 & 1 & -2 & -4 \\ 0 & 2 & 7 & 3 \end{array} \right)$$

$$\begin{array}{cc} ② + ① × (-1) & ② × (1/2) \\ ③ + ① & \end{array}$$

$$\rightarrow \left(\begin{array}{ccc|c} 1 & 0 & 7 & 10 \\ 0 & 1 & -2 & -4 \\ 0 & 0 & 11 & 11 \end{array} \right) \rightarrow \left(\begin{array}{ccc|c} 1 & 0 & 7 & 10 \\ 0 & 1 & -2 & -4 \\ 0 & 0 & 1 & 1 \end{array} \right) \rightarrow \left(\begin{array}{ccc|c} 1 & 0 & 0 & 3 \\ 0 & 1 & 0 & -2 \\ 0 & 0 & 1 & 1 \end{array} \right).$$

$$\begin{array}{ccc} ① + ② × (-1) & ③ × (1/11) & ① + ③ × (-7) \\ ③ + ② × (-2) & & ② + ③ × 2 \end{array}$$

よって解は $x_1 = 3$, $x_2 = -2$, $x_3 = 1$ である.

問 3.1 次の連立 1 次方程式を掃き出し法で解け.

$$(1) \begin{cases} -x_1 + x_2 + x_3 = 4 \\ x_1 - x_2 + x_3 = 2 \\ x_1 + x_2 - x_3 = 0 \end{cases} \qquad (2) \begin{cases} x_1 + x_2 + x_3 = 1 \\ x_1 + 2x_2 + 3x_3 = 0 \\ 2x_1 + 3x_2 + 4x_3 = 1 \end{cases}$$

基本行列

単位行列 E に行基本変形 (I), (II), (III) を行う. 簡単のため, 2 次の場合で説明する.

(I) 第 1 行に第 2 行の c 倍を加えたものを $P_{12}(c)$, 第 2 行に第 1 行の c 倍を加えたものを $P_{21}(c)$ とすると,

$$E \to P_{12}(c) = \begin{pmatrix} 1 & c \\ 0 & 1 \end{pmatrix}, \quad E \to P_{21}(c) = \begin{pmatrix} 1 & 0 \\ c & 1 \end{pmatrix}$$

(II) $c \neq 0$ に対し, 第 1 行を c 倍したものを $P_1(c)$, 第 2 行を c 倍したものを $P_2(c)$ とすると,

$$E \to P_1(c) = \begin{pmatrix} c & 0 \\ 0 & 1 \end{pmatrix}, \quad E \to P_2(c) = \begin{pmatrix} 1 & 0 \\ 0 & c \end{pmatrix}$$

(III) 第 1 行と第 2 行を入れかえたものを P_{12} とすると,

$$E \to P_{12} = \begin{pmatrix} 0 & 1 \\ 1 & 0 \end{pmatrix}$$

これら $P_{ij}(c)$, $P_i(c)$, P_{ij} を**基本行列**という.

> **定理 3.1** 行列 A に基本行列を左から掛けることは, 行列 A に行基本変形を行うことと同値である.

例 3.3 例 3.1 の行基本変形

$$\begin{pmatrix} 1 & -1 & | & 3 \\ 2 & -4 & | & 8 \end{pmatrix} \to \begin{pmatrix} 1 & -1 & | & 3 \\ 0 & -2 & | & 2 \end{pmatrix} \qquad ② + ① \times (-2)$$

は左から $P_{21}(-2)$ を掛けることと同値である.

$$\begin{pmatrix} 1 & 0 \\ -2 & 1 \end{pmatrix} \begin{pmatrix} 1 & -1 & | & 3 \\ 2 & -4 & | & 8 \end{pmatrix} = \begin{pmatrix} 1 & -1 & | & 3 \\ 0 & -2 & | & 2 \end{pmatrix}$$

$P_{ij}(c)$, $P_i(c)$, P_{ij} はともに正則行列で，これらの逆行列も基本行列である．より詳しくは，次が成り立つ.

$$P_{ij}(c)^{-1} = P_{ij}(-c), \quad P_i(c)^{-1} = P_i(c^{-1}), \quad P_{ij}^{-1} = P_{ij} \qquad (3.4)$$

問 3.2 (3.4) を確かめよ.

なお，一般の場合の基本行列は以下の形である.

(I) 第 i 行に第 j 行の c 倍を加えると ($i < j$ の場合)

$$E \to P_{ij}(c) = \begin{pmatrix} 1 & & & & & & O \\ & \ddots & & & & & \\ & & 1 & \cdots & c & & \\ & & \vdots & \ddots & \vdots & & \\ & & 0 & \cdots & 1 & & \\ & & & & & \ddots & \\ O & & & & & & 1 \end{pmatrix}$$

(II) 第 i 行を c 倍すると，

$$E \to P_i(c) = \begin{pmatrix} 1 & & & & O \\ & \ddots & & & \\ & & c & & \\ & & & \ddots & \\ O & & & & 1 \end{pmatrix}$$

(Ⅲ) 第 i 行と第 j 行を入れかえると，

$$E \to P_{ij} = \begin{pmatrix} 1 & & & & & & & O \\ & \ddots & & & & & & \\ & & 0 & \cdots & 1 & & & \\ & & \vdots & \ddots & \vdots & & & \\ & & 1 & \cdots & 0 & & & \\ & & & & & \ddots & & \\ O & & & & & & & 1 \end{pmatrix}$$

3.2　行列の階数

> **定義 3.2**　左下に 0 が階段状に並んでいて，段の高さがすべて 1 であるような行列を**階段行列**という．
>
> $$\begin{pmatrix} 0 & \cdots & 0 & a_{1i_1} & \cdots & & \\ 0 & \cdots & \cdots & \cdots & 0 & a_{2i_2} & \cdots \\ & & & & & & \ddots \\ & & O & & & & & a_{ri_r} & \cdots \end{pmatrix}$$
>
> （ただし，$a_{1i_1}, a_{2i_2}, \cdots, a_{ri_r} \neq 0$）

> **定義 3.3 (行列の階数)**　ある行列 A に対して，行基本変形によって階段行列に変形したとき，0 でない成分を含む行の個数を行列 A の**階数 (rank)** とよび，$\mathrm{rank}\,(A)$ と表す．

例 **3.4** 例 3.1 の場合,

(a) $\tilde{A} = \begin{pmatrix} 1 & -1 & \big| & 3 \\ 2 & -4 & \big| & 8 \end{pmatrix} \rightarrow \begin{pmatrix} 1 & 0 & \big| & 2 \\ 0 & 1 & \big| & -1 \end{pmatrix}$ よって, $\mathrm{rank}\,(\tilde{A}) = 2$

$\quad\;\; A = \begin{pmatrix} 1 & -1 \\ 2 & -4 \end{pmatrix} \rightarrow \begin{pmatrix} 1 & 0 \\ 0 & 1 \end{pmatrix}$ よって, $\mathrm{rank}\,(A) = 2$

(b) $\tilde{A} = \begin{pmatrix} 1 & -2 & \big| & 3 \\ 2 & -4 & \big| & 8 \end{pmatrix} \rightarrow \begin{pmatrix} 1 & -2 & \big| & 3 \\ 0 & 0 & \big| & 2 \end{pmatrix}$ よって, $\mathrm{rank}\,(\tilde{A}) = 2$

$\quad\;\; A = \begin{pmatrix} 1 & -2 \\ 2 & -4 \end{pmatrix} \rightarrow \begin{pmatrix} 1 & -2 \\ 0 & 0 \end{pmatrix}$ よって, $\mathrm{rank}\,(A) = 1$

(c) $\tilde{A} = \begin{pmatrix} 1 & -2 & \big| & 4 \\ 2 & -4 & \big| & 8 \end{pmatrix} \rightarrow \begin{pmatrix} 1 & -2 & \big| & 4 \\ 0 & 0 & \big| & 0 \end{pmatrix}$ よって, $\mathrm{rank}\,(\tilde{A}) = 1$

$\quad\;\; A = \begin{pmatrix} 1 & -2 \\ 2 & -4 \end{pmatrix} \rightarrow \begin{pmatrix} 1 & -2 \\ 0 & 0 \end{pmatrix}$ よって, $\mathrm{rank}\,(A) = 1$

問 3.3 次の行列の階数を求めよ.

(1) $\begin{pmatrix} 1 & 2 \\ 3 & 4 \end{pmatrix}$　　　(2) $\begin{pmatrix} 2 & 1 & 3 \\ 1 & 5 & 4 \end{pmatrix}$　　　(3) $\begin{pmatrix} 1 & -2 & 3 \\ -2 & 4 & -6 \end{pmatrix}$

3.2.1 連立 1 次方程式の解と行列の階数

n 変数の連立 1 次方程式

$$\begin{cases} a_{11}x_1 + a_{12}x_2 + \cdots + a_{1n}x_n = b_1 \\ a_{21}x_1 + a_{22}x_2 + \cdots + a_{2n}x_n = b_2 \\ \qquad\qquad\qquad\qquad\vdots \\ a_{m1}x_1 + a_{m2}x_2 + \cdots + a_{mn}x_n = b_m \end{cases} \tag{3.5}$$

は，3.1 節と同様に行列

$$A = \begin{pmatrix} a_{11} & a_{12} & \cdots & a_{1n} \\ a_{21} & a_{22} & \cdots & a_{2n} \\ \vdots & \vdots & \ddots & \vdots \\ a_{m1} & a_{m2} & \cdots & a_{mn} \end{pmatrix}, \quad \boldsymbol{x} = \begin{pmatrix} x_1 \\ x_2 \\ \vdots \\ x_n \end{pmatrix}, \quad \boldsymbol{b} = \begin{pmatrix} b_1 \\ b_2 \\ \vdots \\ b_m \end{pmatrix}$$

を用いると

$$A\boldsymbol{x} = \boldsymbol{b} \tag{3.6}$$

と表せる．連立 1 次方程式 (3.6) に対して，行列 A を係数行列，$\tilde{A} = \left(\begin{array}{c|c} A & \boldsymbol{b} \end{array} \right)$ を拡大係数行列とよぶ．

注意 3.1 n が変数の個数，m が方程式の個数である．今までは $n = m$ の場合を考察してきたが，一般には n と m が一致する必要はないことを注意しておく．

3.1 節で見てきたように，連立 1 次方程式を解くには，掃き出し法によって拡大係数行列 $\tilde{A}$ を階段行列に変形する．

$$\tilde{A} \to \tilde{A}' = \left(\begin{array}{ccccc|c} a'_{1i_1} & \cdots & & & a'_{1n} & b'_1 \\ & a'_{2i_2} & \cdots & & & b'_2 \\ & & & \ddots & & \vdots \\ & & & a'_{ri_r} & \cdots & b'_r \\ & & & & & b'_{r+1} \\ & & & & & 0 \\ & & O & & & \vdots \\ & & & & & 0 \end{array} \right) \tag{3.7}$$

これを連立 1 次方程式の形で表すと,

$$
\begin{cases}
a'_{1i_1}x_{i_1}+ & \cdots & +a'_{1n}x_n & = & b'_1 \\
& a'_{2i_2}x_{i_2}+ & \cdots & = & b'_2 \\
& & \ddots & & \\
& & a'_{ri_r}x_{i_r}+\cdots & = & b'_r \\
& & & 0 & = & b'_{r+1}
\end{cases}
\tag{3.8}
$$

もし $b'_{r+1} \neq 0$ なら, この方程式は解をもたない. $b'_{r+1}=0$ のときは, $x_1,\cdots,x_n$ のうち $x_{i_1},\cdots,x_{i_r}$ 以外の $n-r$ 個の未知数を任意定数 $c_1,\cdots,c_{n-r}$ とおいて $x_{i_1},\cdots,x_{i_r}$ を求めることができる. したがって, この連立 1 次方程式が解をもつための必要十分条件は $b'_{r+1}=0$ である. この条件を (3.7) で見ると, $\mathrm{rank}\,\tilde{A}=r$ である. また (3.7) において最後の列を除いて考えると $\mathrm{rank}\,A=r$ である. したがって, $\mathrm{rank}\,\tilde{A}=\mathrm{rank}\,A$ である.

一般に連立 1 次方程式の解に含まれる任意定数の個数を**解の自由度**という. 任意定数が $c_1,\cdots,c_{n-r}$ なら解の自由度は $n-r$ である. 特に $r=n$ のときは, 任意定数が 1 つも含まれないので, 解は一意に定まる. 以上のことを定理としてまとめておく.

定理 3.2 $\mathrm{rank}\,(\tilde{A})=\mathrm{rank}\,(A)=n$ の場合
方程式 (3.6) は解をもち, かつ一意である.

$\mathrm{rank}\,(\tilde{A})=\mathrm{rank}\,(A)=r\ (<n)$ の場合
方程式 (3.6) は解をもち, 解の自由度は $n-r$ である.

$\mathrm{rank}\,(\tilde{A})>\mathrm{rank}\,(A)$ の場合
方程式 (3.6) は解をもたない.

問 3.4 例 3.4 の行列の階数と, 例 3.1 における連立 1 次方程式の解との関係が, 定理 3.2 の内容を表していることを確かめよ.

3.2.2　同次連立 1 次方程式

すべての定数項が 0 である連立 1 次方程式

$$\begin{cases} a_{11}x_1 + a_{12}x_2 + \cdots + a_{1n}x_n &=& 0 \\ a_{21}x_1 + a_{22}x_2 + \cdots + a_{2n}x_n &=& 0 \\ & \vdots & \\ a_{m1}x_1 + a_{m2}x_2 + \cdots + a_{mn}x_n &=& 0 \end{cases}$$

を**同次連立 1 次方程式**という．行列の形で表すと $A\boldsymbol{x} = \boldsymbol{0}$ である．これに対し，$A\boldsymbol{x} = \boldsymbol{b}$ で $\boldsymbol{b} \neq \boldsymbol{0}$ の場合を**非同次連立 1 次方程式**という．

同次連立 1 次方程式は $\mathrm{rank} \left(\begin{array}{c|c} A & \boldsymbol{0} \end{array} \right) = \mathrm{rank}\, A$ なので，定理 3.2 よりこの連立 1 次方程式は解をもつ．特に $\boldsymbol{x} = \boldsymbol{0}$ は常に解である．$\boldsymbol{x} = \boldsymbol{0}$ を**自明な解**といい，$\boldsymbol{0}$ でない解を**自明でない解**という．

定理 3.3　n 変数同次連立 1 次方程式 $A\boldsymbol{x} = \boldsymbol{0}$ に対して，

(1)　$A\boldsymbol{x} = \boldsymbol{0}$ が自明でない解をもつ　$\Leftrightarrow$　$\mathrm{rank}\, A < n$

(2)　$A\boldsymbol{x} = \boldsymbol{0}$ が自明な解のみをもつ　$\Leftrightarrow$　$\mathrm{rank}\, A = n$

証明　(1)　$A\boldsymbol{x} = \boldsymbol{0}$ の自明でない解が s 個の任意定数を含んでいたとすると，定理 3.2 より，$n - \mathrm{rank}\, A = s > 0$．逆に $n - \mathrm{rank}\, A > 0$ ならば，解は 1 つ以上の任意定数を含むから自明でない解をもつ．

(2)　自明な解のみということは任意定数を含まないことにほかならない．つまり $n - \mathrm{rank}\, A = 0$ である．　　　　　　　　　　　　　　　　　□

次の問題は，行列式の理論（第 4 章）を学んでから考えてみてほしい．

問 3.5　A を n 次正方行列とするとき，次を示せ．

(1)　$A\boldsymbol{x} = \boldsymbol{0}$ が自明でない解をもつ　$\Leftrightarrow$　$|A| = 0$

(2)　$A\boldsymbol{x} = \boldsymbol{0}$ が自明な解のみをもつ　$\Leftrightarrow$　$|A| \neq 0$

3.3 掃き出し法と逆行列

n 次正方行列 A に対し，同じ型の単位行列を E とする．このとき，$n \times 2n$ 行列 $(A \mid E)$ に対して掃き出し法を行い，

$$(A \mid E) \to (E \mid B)$$

となれば，$B = A^{-1}$ である．なぜなら行基本変形は，ある基本行列を左から掛けることに対応するので，$(A \mid E) \to (E \mid B)$ は，ある正則行列 P を用いて $P(A \mid E) = (E \mid B)$ となることを意味する．これより $PA = E$ であるから，$B = P = A^{-1}$ となる．

例 3.5 $\begin{pmatrix} 1 & 1 & -4 \\ -1 & 0 & 4 \\ -2 & 2 & 7 \end{pmatrix}$ の逆行列を掃き出し法で求める．

$$\left(\begin{array}{ccc|ccc} 1 & 1 & -4 & 1 & 0 & 0 \\ -1 & 0 & 4 & 0 & 1 & 0 \\ -2 & 2 & 7 & 0 & 0 & 1 \end{array} \right) \to \left(\begin{array}{ccc|ccc} 1 & 1 & -4 & 1 & 0 & 0 \\ 0 & 1 & 0 & 1 & 1 & 0 \\ 0 & 4 & -1 & 2 & 0 & 1 \end{array} \right) \to$$

$$\begin{array}{cc} ②+① & ①+②\times(-1) \\ ③+①\times 2 & ③+②\times(-4) \end{array}$$

$$\left(\begin{array}{ccc|ccc} 1 & 0 & -4 & 0 & -1 & 0 \\ 0 & 1 & 0 & 1 & 1 & 0 \\ 0 & 0 & -1 & -2 & -4 & 1 \end{array} \right) \to \left(\begin{array}{ccc|ccc} 1 & 0 & -4 & 0 & -1 & 0 \\ 0 & 1 & 0 & 1 & 1 & 0 \\ 0 & 0 & 1 & 2 & 4 & -1 \end{array} \right) \to$$

$$\begin{array}{cc} ③\times(-1) & ①+③\times 4 \end{array}$$

$$\left(\begin{array}{ccc|ccc} 1 & 0 & 0 & 8 & 15 & -4 \\ 0 & 1 & 0 & 1 & 1 & 0 \\ 0 & 0 & 1 & 2 & 4 & -1 \end{array} \right).$$

よって，$\begin{pmatrix} 1 & 1 & -4 \\ -1 & 0 & 4 \\ -2 & 2 & 7 \end{pmatrix}^{-1} = \begin{pmatrix} 8 & 15 & -4 \\ 1 & 1 & 0 \\ 2 & 4 & -1 \end{pmatrix}.$

問 3.6 次の行列の逆行列を掃き出し法で求めよ.

(1) $\begin{pmatrix} 1 & 1 & 1 \\ 1 & 2 & 3 \\ 2 & 4 & 5 \end{pmatrix}$　　　　(2) $\begin{pmatrix} 1 & 2 & 0 \\ 2 & 0 & 1 \\ 0 & -3 & 1 \end{pmatrix}$

────────────3 章の演習問題────────────

3.1 次の連立 1 次方程式を掃き出し法で解け.

(1) $\begin{cases} 2x_1 - x_2 = 0 \\ -x_1 + 2x_2 = 3 \end{cases}$　　　　(2) $\begin{cases} 2x_1 + x_2 = 1 \\ 4x_1 + 2x_2 = 2 \end{cases}$

(3) $\begin{cases} x_1 + 2x_2 \quad\;\; = 5 \\ 2x_1 + 3x_2 - x_3 = 11 \\ x_1 - x_2 + 2x_3 = -2 \end{cases}$　　　　(4) $\begin{cases} 3x_1 + x_2 + 2x_3 = 4 \\ x_1 + x_2 + x_3 = 1 \\ 11x_1 - x_2 + 5x_3 = 17 \end{cases}$

(5) $\begin{cases} x_1 - 2x_2 + x_3 = 2 \\ 4x_1 - 8x_2 + 4x_3 = 8 \\ 3x_1 - 6x_2 + 3x_3 = 6 \end{cases}$

3.2 次の行列の階数を求めよ.

(1) $\begin{pmatrix} 2 & 1 & -1 \\ 1 & -1 & 1 \\ 1 & 2 & -1 \end{pmatrix}$　　　　(2) $\begin{pmatrix} 2 & -1 & 1 \\ 6 & -3 & 3 \\ 4 & -2 & 2 \end{pmatrix}$

(3) $\begin{pmatrix} 1 & 2 & 3 & 4 \\ 5 & 6 & 7 & 8 \\ 9 & 10 & 11 & 12 \end{pmatrix}$　　　　(4) $\begin{pmatrix} 1 & -3 & -2 & 1 \\ -1 & 2 & 0 & -1 \\ 2 & -5 & -2 & 2 \\ 1 & -2 & 0 & 1 \end{pmatrix}$

3.3 次の連立 1 次方程式が解をもつように a の値を定めて, 実際に解け.

(1) $\begin{cases} x_1 + 2x_2 = 5 \\ 3x_1 + 6x_2 = a \end{cases}$　　　　(2) $\begin{cases} x_1 + 2x_2 + 3x_3 = 2 \\ 2x_1 + 3x_2 + 4x_3 = -1 \\ 3x_1 + 4x_2 + 5x_3 = a \end{cases}$

(3) $\begin{cases} x_1 + x_2 + 3x_3 = 3 \\ x_1 + 2x_2 + 5x_3 = 4 \\ 3x_1 + 2x_2 + 7x_3 = a \end{cases}$

3.4 次の連立 1 次方程式が自明でない解をもつように a の値を定めよ.

(1) $\begin{pmatrix} 1 & a-7 & -5 \\ -1 & 5 & 5 \\ -1 & 9 & 9 \end{pmatrix} \begin{pmatrix} x_1 \\ x_2 \\ x_3 \end{pmatrix} = \begin{pmatrix} 0 \\ 0 \\ 0 \end{pmatrix}$

(2) $\begin{pmatrix} 5 & -1 & 2 \\ -2 & 2 & a-6 \\ 1 & 3 & 2 \end{pmatrix} \begin{pmatrix} x_1 \\ x_2 \\ x_3 \end{pmatrix} = \begin{pmatrix} 0 \\ 0 \\ 0 \end{pmatrix}$

3.5 次の行列の逆行列を掃き出し法で求めよ.

(1) $\begin{pmatrix} 2 & -1 & 0 \\ -1 & 2 & -1 \\ 0 & -1 & 2 \end{pmatrix}$

(2) $\begin{pmatrix} 1 & 0 & 0 & 0 \\ a & 1 & 0 & 0 \\ 0 & b & 1 & 0 \\ 0 & 0 & c & 1 \end{pmatrix}$

4 行　列　式

4.1　3 次の行列式

4.1.1　定義と計算

2.4.2 節で述べたように 2 次の正方行列 $A = \begin{pmatrix} a & b \\ c & d \end{pmatrix}$ に対し，値 $|A| = ad - bc$ を A の行列式というのであった．

定義 4.1　3 次の正方行列 $A = \begin{pmatrix} a_{11} & a_{12} & a_{13} \\ a_{21} & a_{22} & a_{23} \\ a_{31} & a_{32} & a_{33} \end{pmatrix}$ に対し，その行列式を次のように定義する．

$$
\begin{vmatrix} a_{11} & a_{12} & a_{13} \\ a_{21} & a_{22} & a_{23} \\ a_{31} & a_{32} & a_{33} \end{vmatrix}
$$

$$
= a_{11} \begin{vmatrix} a_{22} & a_{23} \\ a_{32} & a_{33} \end{vmatrix} - a_{12} \begin{vmatrix} a_{21} & a_{23} \\ a_{31} & a_{33} \end{vmatrix} + a_{13} \begin{vmatrix} a_{21} & a_{22} \\ a_{31} & a_{32} \end{vmatrix}
$$

$$
= a_{11}a_{22}a_{33} + a_{12}a_{23}a_{31} + a_{13}a_{21}a_{32}
$$

$$
- a_{11}a_{23}a_{32} - a_{12}a_{21}a_{33} - a_{13}a_{22}a_{31}
$$

この定義が，3次正方行列の逆行列の分母に登場し，3変数の連立1次方程式を解くのに役立つことが後にわかる.

例 **4.1**

$$
\begin{vmatrix} x & y & z \\ 1 & 2 & 3 \\ 4 & 5 & 6 \end{vmatrix} = x \begin{vmatrix} 2 & 3 \\ 5 & 6 \end{vmatrix} - y \begin{vmatrix} 1 & 3 \\ 4 & 6 \end{vmatrix} + z \begin{vmatrix} 1 & 2 \\ 4 & 5 \end{vmatrix} = -3x + 6y - 3z
$$

問 4.1　次の行列式の値を求めよ.

(1) $\begin{vmatrix} 1 & 2 \\ 3 & 4 \end{vmatrix}$ 　　(2) $\begin{vmatrix} 2 & 4 & 3 \\ 0 & 3 & 2 \\ 0 & 0 & 1 \end{vmatrix}$ 　　(3) $\begin{vmatrix} 2 & -1 & 0 \\ -1 & 2 & -1 \\ 0 & -1 & 2 \end{vmatrix}$

次の式は定義からすぐ確認できるが，よく使われるので覚えておいてほしい.

$$
\begin{vmatrix} a_{11} & a_{12} & a_{13} \\ 0 & a_{22} & a_{23} \\ 0 & a_{32} & a_{33} \end{vmatrix} = a_{11} \begin{vmatrix} a_{22} & a_{23} \\ a_{32} & a_{33} \end{vmatrix} \tag{4.1}
$$

問 4.2　次の行列式の値を求めよ.

(1) $\begin{vmatrix} 5 & 6 & 7 \\ 0 & 1 & 2 \\ 0 & 3 & 4 \end{vmatrix}$ 　　(2) $\begin{vmatrix} 1 & 3 & 2 \\ 0 & \cos\theta & -\sin\theta \\ 0 & \sin\theta & \cos\theta \end{vmatrix}$

4.1.2　行列式の性質

ここで行列式のいくつかの性質を述べる. 列ベクトルを

$$
\boldsymbol{a}_1 = \begin{pmatrix} a_{11} \\ a_{21} \\ a_{31} \end{pmatrix}, \quad \boldsymbol{a}_2 = \begin{pmatrix} a_{12} \\ a_{22} \\ a_{32} \end{pmatrix}, \quad \boldsymbol{a}_3 = \begin{pmatrix} a_{13} \\ a_{23} \\ a_{33} \end{pmatrix},
$$

とおいて,

$$\begin{vmatrix} a_{11} & a_{12} & a_{13} \\ a_{21} & a_{22} & a_{23} \\ a_{31} & a_{32} & a_{33} \end{vmatrix} = \det(\boldsymbol{a}_1, \boldsymbol{a}_2, \boldsymbol{a}_3)$$

と表すことにすると,以下の3つの性質は容易に示せる.

多重線形性

たとえば第1列目がベクトルの和やスカラー倍

$$\boldsymbol{a}_1 + \boldsymbol{b}_1 = \begin{pmatrix} a_{11} + b_{11} \\ a_{21} + b_{21} \\ a_{31} + b_{31} \end{pmatrix}, \quad c\boldsymbol{a}_1 = \begin{pmatrix} ca_{11} \\ ca_{21} \\ ca_{31} \end{pmatrix}$$

の形のとき,次が成り立つ.

$$\det(\boldsymbol{a}_1 + \boldsymbol{b}_1, \boldsymbol{a}_2, \boldsymbol{a}_3) = \det(\boldsymbol{a}_1, \boldsymbol{a}_2, \boldsymbol{a}_3) + \det(\boldsymbol{b}_1, \boldsymbol{a}_2, \boldsymbol{a}_3)$$
$$\det(c\boldsymbol{a}_1, \boldsymbol{a}_2, \boldsymbol{a}_3) = c\det(\boldsymbol{a}_1, \boldsymbol{a}_2, \boldsymbol{a}_3)$$

第2列,第3列についても同様の式が成り立つ.

交代性

任意の2つの列を入れかえると,行列式の値は (-1) 倍になる.たとえば,第1列と第2列を入れかえると,次のようになる.

$$\det(\boldsymbol{a}_2, \boldsymbol{a}_1, \boldsymbol{a}_3) = -\det(\boldsymbol{a}_1, \boldsymbol{a}_2, \boldsymbol{a}_3)$$

注意 4.1 多重線形性と交代性から,以下が示される.

- どこか1列がすべて0なら,行列式の値は0.

$$\begin{vmatrix} 0 & a_{12} & a_{13} \\ 0 & a_{22} & a_{23} \\ 0 & a_{32} & a_{33} \end{vmatrix} = \begin{vmatrix} a_{11} & 0 & a_{13} \\ a_{21} & 0 & a_{23} \\ a_{31} & 0 & a_{33} \end{vmatrix} = \begin{vmatrix} a_{11} & a_{12} & 0 \\ a_{21} & a_{22} & 0 \\ a_{31} & a_{32} & 0 \end{vmatrix} = 0$$

● どこか 2 つの列が一致するなら，行列式の値は 0.

$$\det(\boldsymbol{a}_1, \boldsymbol{a}_1, \boldsymbol{a}_3) = 0, \quad \det(\boldsymbol{a}_1, \boldsymbol{a}_2, \boldsymbol{a}_1) = 0, \quad \det(\boldsymbol{a}_1, \boldsymbol{a}_2, \boldsymbol{a}_2) = 0$$

転置不変性

> 転置行列の行列式は，もとの行列式と一致する．
> $$|{}^t A| = |A|.$$

すなわち，

$$\begin{vmatrix} a_{11} & a_{21} & a_{31} \\ a_{12} & a_{22} & a_{32} \\ a_{13} & a_{23} & a_{33} \end{vmatrix} = \begin{vmatrix} a_{11} & a_{12} & a_{13} \\ a_{21} & a_{22} & a_{23} \\ a_{31} & a_{32} & a_{33} \end{vmatrix}.$$

証明　2 次の行列式の転置不変性はすぐわかる．3 次の行列式の場合，表記を簡単にするために $x, y, \cdots$ の文字で表示すると，

$$\begin{vmatrix} x & y & z \\ p & q & r \\ u & v & w \end{vmatrix} = x \begin{vmatrix} q & r \\ v & w \end{vmatrix} - y(pw - ru) + z(pv - qu)$$

$$= x \begin{vmatrix} q & v \\ r & w \end{vmatrix} - p(yw - zv) + u(yr - zq) = \begin{vmatrix} x & p & u \\ y & q & v \\ z & r & w \end{vmatrix}. \quad \square$$

4.2　一般の場合の行列式

4.2.1　帰納的な定義

　3 次の行列式は 2 次の行列式を使って定義された．同様のやり方で，$(n-1)$ 次の行列式を使って n 次の行列式を定義する．そのために，先に $(n-1)$ 次の行列式が定義されたとして，**余因子**というものを定義しておく．

余因子の定義

n 次正方行列 A から第 i 行と第 j 列を取り除いて得られる $(n-1)$ 次の行列の行列式を D_{ij} で表す.

$$D_{ij} = \begin{vmatrix} a_{11} & \cdots & a_{1j} & \cdots & a_{1n} \\ \vdots & & \vdots & & \vdots \\ a_{i1} & \cdots & a_{ij} & \cdots & a_{in} \\ \vdots & & \vdots & & \vdots \\ a_{n1} & \cdots & a_{nj} & \cdots & a_{nn} \end{vmatrix} \qquad (あみかけの部分を取り除く)$$

この D_{ij} を符号 $(-1)^{i+j}$ 倍したもの, すなわち,

$$\tilde{a}_{ij} = (-1)^{i+j} D_{ij}$$

を a_{ij} の (i,j) **余因子**という.

例 4.2　3 次の行列式 $|A| = \begin{vmatrix} a_{11} & a_{12} & a_{13} \\ a_{21} & a_{22} & a_{23} \\ a_{31} & a_{32} & a_{33} \end{vmatrix}$ に対し,

$$\tilde{a}_{11} = \begin{vmatrix} a_{22} & a_{23} \\ a_{32} & a_{33} \end{vmatrix}, \quad \tilde{a}_{12} = - \begin{vmatrix} a_{21} & a_{23} \\ a_{31} & a_{33} \end{vmatrix}, \quad \tilde{a}_{13} = \begin{vmatrix} a_{21} & a_{22} \\ a_{31} & a_{32} \end{vmatrix}$$

よって 3 次の行列式は, 余因子を使って次のように書ける.（2 項目の符号に注意.）

$$|A| = a_{11}\tilde{a}_{11} + a_{12}\tilde{a}_{12} + a_{13}\tilde{a}_{13} \tag{4.2}$$

この (4.2) と同様にして, 4 次正方行列 $A = (a_{ij})$ に対する行列式を

$$|A| = a_{11}\tilde{a}_{11} + a_{12}\tilde{a}_{12} + a_{13}\tilde{a}_{13} + a_{14}\tilde{a}_{14}$$

と定義しよう.（この $\tilde{a}_{1j}$　$(j=1,2,3,4)$ は 3 次の行列式なので定義されている.）すなわち, 次のように定義する.

$$
\begin{vmatrix} a_{11} & a_{12} & a_{13} & a_{14} \\ a_{21} & a_{22} & a_{23} & a_{24} \\ a_{31} & a_{32} & a_{33} & a_{34} \\ a_{41} & a_{42} & a_{43} & a_{44} \end{vmatrix} = a_{11} \begin{vmatrix} a_{22} & a_{23} & a_{24} \\ a_{32} & a_{33} & a_{34} \\ a_{42} & a_{43} & a_{44} \end{vmatrix} - a_{12} \begin{vmatrix} a_{21} & a_{23} & a_{24} \\ a_{31} & a_{33} & a_{34} \\ a_{41} & a_{43} & a_{44} \end{vmatrix}
$$

$$
+ a_{13} \begin{vmatrix} a_{21} & a_{22} & a_{24} \\ a_{31} & a_{32} & a_{34} \\ a_{41} & a_{42} & a_{44} \end{vmatrix} - a_{14} \begin{vmatrix} a_{21} & a_{22} & a_{23} \\ a_{31} & a_{32} & a_{33} \\ a_{41} & a_{42} & a_{43} \end{vmatrix}
$$

一般には以下のようにする.

定義 4.2 1×1 行列 (つまり定数) の行列式は成分そのものとする. $(n-1)$ 次の行列式まで定義されているとき, n 次正方行列 $A = (a_{ij})$ に対する行列式 $|A|$ を次のように定義する.

$$
|A| = \sum_{j=1}^{n} a_{1j} \tilde{a}_{1j} \quad (\tilde{a}_{1j} は A の (1,j) 余因子) \tag{4.3}
$$

このとき, 2 次, 3 次の場合と同様の性質が成り立つ. 証明は後ほど行う.

定理 4.1 (正規化条件) E_n を n 次単位行列とするとき,

$$
\det(E_n) = 1
$$

定理 4.2 (多重線形性) $j = 1, 2, \cdots, n$ に対して,

1. $\det(\boldsymbol{a}_1, \cdots, \boldsymbol{a}_j + \boldsymbol{b}_j, \cdots, \boldsymbol{a}_n)$
   $= \det(\boldsymbol{a}_1, \cdots, \boldsymbol{a}_j, \cdots, \boldsymbol{a}_n) + \det(\boldsymbol{a}_1, \cdots, \boldsymbol{b}_j, \cdots, \boldsymbol{a}_n)$

2. $\det(\boldsymbol{a}_1, \cdots, c\boldsymbol{a}_j, \cdots, \boldsymbol{a}_n) = c \det(\boldsymbol{a}_1, \cdots, \boldsymbol{a}_j, \cdots, \boldsymbol{a}_n)$

が成立する.

定理 4.3 (交代性) 行列式の 2 つの列を入れかえると, 行列式の値は -1 倍になる.

$$
\det(\boldsymbol{a}_1, \cdots, \boldsymbol{a}_j, \cdots, \boldsymbol{a}_k, \cdots, \boldsymbol{a}_n) = -\det(\boldsymbol{a}_1, \cdots, \boldsymbol{a}_k, \cdots, \boldsymbol{a}_j, \cdots, \boldsymbol{a}_n)
$$

注意 4.2　上記の 3 つの性質（正規化条件，多重線形性，交代性）で，行列式は特徴づけられる．つまり，この 3 つの性質を行列式の定義としてもよい．

4.2.2　直接的な定義

3 次の行列式をもう一度書いてみる．

$$
\begin{vmatrix}
a_{11} & a_{12} & a_{13} \\
a_{21} & a_{22} & a_{23} \\
a_{31} & a_{32} & a_{33}
\end{vmatrix}
=
\begin{array}{l}
a_{11}a_{22}a_{33} + a_{12}a_{23}a_{31} + a_{13}a_{21}a_{32} \\
-a_{11}a_{23}a_{32} - a_{12}a_{21}a_{33} - a_{13}a_{22}a_{31}
\end{array}
$$

右辺の 6 項はどれも a_{ij} の行の番号 i が $1,2,3$ の順にならんでいる．このとき，列の番号 j を順に読んでいくと，

$$
\begin{cases}
\text{符号が正の項：} (1,2,3),\ (2,3,1),\ (3,1,2) \\
\text{符号が負の項：} (1,3,2),\ (2,1,3),\ (3,2,1)
\end{cases}
\tag{4.4}
$$

となっていることがわかる．これらはすべて $\{1,2,3\}$ の並べかえで，その総数は 3 文字の順列の数 $3! = 6$ 個で，半分の符号が正，残りの半分の符号が負である．

2 次の行列式 $a_{11}a_{22} - a_{12}a_{21}$ も同様に見ていくと，行の番号を $1,2$ の順にそろえたとき，列の番号に $\{1,2\}$ の並べかえ $(1,2)$ と $(2,1)$ が現れている．

これらを規則的に表すために，次の定義をする．

定義 4.3　n 個の文字 $\{1, 2, \cdots, n\}$ の並びかえ（全単射）を**置換**という．$(1, 2, \cdots, n)$ を $(\sigma(1), \sigma(2), \cdots, \sigma(n))$ に並べかえる置換を σ で表す．

$$
\sigma =
\begin{pmatrix}
1 & 2 & \cdots & n \\
\sigma(1) & \sigma(2) & \cdots & \sigma(n)
\end{pmatrix}
$$

などとも表す．

定義 **4.4** 置換 σ に対し，$(1, 2, \cdots, n)$ を $(\sigma(1), \sigma(2), \cdots, \sigma(n))$ に並べかえるあみだくじを作り，横棒の数を考える．並べかえを実現するあみだくじは一通りではないが，横棒の数の偶奇は定まる．そこで σ の**符号** $\mathrm{sgn}(\sigma)$ を

$$\mathrm{sgn}(\sigma) = \begin{cases} +1 & (横棒の数が偶数のとき), \\ -1 & (横棒の数が奇数のとき) \end{cases}$$

で定める．

例 4.3 $\sigma(1) = 2$, $\sigma(2) = 3$, $\sigma(3) = 1$ という置換を考える．この置換をあみだくじで表現すると

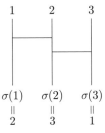

図 4.1

となる．横棒の数は偶数であるので，この置換の符号は $+1$ である．これは 3 次の行列式の 2 項目 $a_{12}a_{23}a_{31}$ の符号が正であることに対応する．

問 4.3 3 次の行列式の 6 項目 $a_{13}a_{22}a_{31}$ の符号が負であることを説明するために，$\sigma(1) = 3$, $\sigma(2) = 2$, $\sigma(3) = 1$ という置換を考える．この置換をあみだくじで表現し，横棒の数が奇数であることを確かめよ．

以上の考察をふまえて，次のように定義をする．

定義 4.5

$$\det(A) = \sum_{\sigma} \text{sgn}(\sigma) a_{1\sigma(1)} a_{2\sigma(2)} \cdots a_{n\sigma(n)} \tag{4.5}$$

ただし，和は $(1, 2, \cdots, n)$ のすべての並びかえ（全部で $n!$ 通り）にわたってとる．

これは以前，帰納的に定義した行列式と一致する．その証明は次節で行う．

参考：n 個の文字 $\{1, 2, \cdots, n\}$ を並べかえる操作全体の集合を**置換群**または**対称群**といい，S_n, $\mathfrak{S}_n$ などと表す．たとえば，3 次の対称群 $\mathfrak{S}_3$ は，

$$\sigma_1 = \begin{pmatrix} 1 & 2 & 3 \\ 1 & 2 & 3 \end{pmatrix}, \quad \sigma_2 = \begin{pmatrix} 1 & 2 & 3 \\ 2 & 3 & 1 \end{pmatrix}, \quad \sigma_3 = \begin{pmatrix} 1 & 2 & 3 \\ 3 & 1 & 2 \end{pmatrix},$$

$$\sigma_4 = \begin{pmatrix} 1 & 2 & 3 \\ 1 & 3 & 2 \end{pmatrix}, \quad \sigma_5 = \begin{pmatrix} 1 & 2 & 3 \\ 2 & 1 & 3 \end{pmatrix}, \quad \sigma_6 = \begin{pmatrix} 1 & 2 & 3 \\ 3 & 2 & 1 \end{pmatrix}$$

として，$\mathfrak{S}_3 = \{\sigma_1, \sigma_2, \sigma_3, \sigma_4, \sigma_5, \sigma_6\}$ である．3 次の行列式の規則性 (4.4) と比較してほしい．

4.3　証明

定理 4.1 から定理 4.3 の証明はどれも数学的帰納法を使う．$n = 1$ のときに成立するのは明らかなので，$(n-1)$ 次までを仮定して，n 次のときを示す．

4.3.1　定理 4.1 の証明

$\det(E_{n-1}) = 1$ を仮定すると，

$$\det(E_n) = \begin{vmatrix} 1 & 0 & \cdots & 0 \\ 0 & & & \\ \vdots & & E_{n-1} & \\ 0 & & & \end{vmatrix} = \det(E_{n-1}) = 1.$$

$\square$

4.3.2 定理 4.2 の証明

多重線形性の 1 番目の式を示す. 以下, $\hat{\boldsymbol{a}}_i = \begin{pmatrix} a_{2i} \\ \vdots \\ a_{ni} \end{pmatrix}$ $(i = 1, \cdots, n)$ で

$\boldsymbol{a}_i$ から第 1 成分を除いた列ベクトルを表す. 展開式 (4.3) を用いると,

$$\det(\boldsymbol{a}_1, \cdots, \boldsymbol{a}_j + \boldsymbol{b}_j, \cdots, \boldsymbol{a}_n)$$

$$= \begin{vmatrix} a_{11} & \cdots & a_{1j} + b_{1j} & \cdots & a_{1n} \\ \hat{\boldsymbol{a}}_1 & \cdots & \hat{\boldsymbol{a}}_j + \hat{\boldsymbol{b}}_j & \cdots & \hat{\boldsymbol{a}}_n \end{vmatrix}$$

$$= \sum_{i=1}^{j-1} (-1)^{1+i} a_{1i} \det(\hat{\boldsymbol{a}}_1, \cdots, (\hat{\boldsymbol{a}}_i \text{ を除く}), \cdots, \hat{\boldsymbol{a}}_j + \hat{\boldsymbol{b}}_j, \cdots, \hat{\boldsymbol{a}}_n)$$

$$+ (-1)^{1+j} (a_{1j} + b_{1j}) \det(\hat{\boldsymbol{a}}_1, \cdots, (j \text{ 列目を除く}), \cdots, \hat{\boldsymbol{a}}_n)$$

$$+ \sum_{i=j+1}^{n} (-1)^{1+i} a_{1i} \det(\hat{\boldsymbol{a}}_1, \cdots, \hat{\boldsymbol{a}}_j + \hat{\boldsymbol{b}}_j, \cdots, (\hat{\boldsymbol{a}}_i \text{ を除く}), \cdots, \hat{\boldsymbol{a}}_n)$$

$$\tag{4.6}$$

ここで第 1 項の行列式は $(n-1)$ 次なので帰納法の仮定より,

$$\det(\hat{\boldsymbol{a}}_1, \cdots, (\hat{\boldsymbol{a}}_i \text{ を除く}), \cdots, \hat{\boldsymbol{a}}_j + \hat{\boldsymbol{b}}_j, \cdots, \hat{\boldsymbol{a}}_n)$$

$$= \det(\hat{\boldsymbol{a}}_1, \cdots, (\hat{\boldsymbol{a}}_i \text{ を除く}), \cdots, \hat{\boldsymbol{a}}_j, \cdots, \hat{\boldsymbol{a}}_n)$$

$$+ \det(\hat{\boldsymbol{a}}_1, \cdots, (\hat{\boldsymbol{a}}_i \text{ を除く}), \cdots, \hat{\boldsymbol{b}}_j, \cdots, \hat{\boldsymbol{a}}_n)$$

第 3 項も同様に 2 つに分かれる.

第 2 項は a_{1j} を係数にもつ項と b_{1j} を係数にもつ項に分かれるので, 再び展開式 (4.3) を用いてまとめると,

$$(4.6) = \det(\boldsymbol{a}_1, \cdots, \boldsymbol{a}_j, \cdots, \boldsymbol{a}_n) + \det(\boldsymbol{a}_1, \cdots, \boldsymbol{b}_j, \cdots, \boldsymbol{a}_n)$$

多重線形性の 2 番目の式 (c 倍が前に出る) も同様に示せる. $\qquad\square$

4.3.3 　定理 4.3 の証明

まず，隣どうしの列ベクトルを入れかえる場合 $(k = j + 1)$ を示す．

$$\det(\cdots, \boldsymbol{a}_j, \boldsymbol{a}_{j+1}, \cdots)$$

$$= \sum_{i=1}^{j-1} (-1)^{1+i} a_{1i} \det(\cdots, (\hat{\boldsymbol{a}}_i \text{ を除く}), \cdots, \hat{\boldsymbol{a}}_j, \hat{\boldsymbol{a}}_{j+1}, \cdots)$$

$$+ (-1)^{1+j} a_{1j} \det(\cdots, (j \text{ 列目を除く}), \hat{\boldsymbol{a}}_{j+1}, \cdots)$$

$$+ (-1)^{1+(j+1)} a_{1,j+1} \det(\cdots, \hat{\boldsymbol{a}}_j, ((j+1) \text{ 列目を除く}), \cdots)$$

$$+ \sum_{i=j+2}^{n} (-1)^{1+i} a_{1i} \det(\cdots, \hat{\boldsymbol{a}}_j, \hat{\boldsymbol{a}}_{j+1}, \cdots, (\hat{\boldsymbol{a}}_i \text{ を除く}), \cdots)$$

$$\tag{4.7}$$

第 1 項と第 4 項の行列式は $(n-1)$ 次なので帰納法の仮定より，$\hat{\boldsymbol{a}}_j$ と $\hat{\boldsymbol{a}}_{j+1}$ を入れかえて (-1) 倍．

　一方，(4.7) の第 2 項は，$\det(\cdots, \boldsymbol{a}_{j+1}, \boldsymbol{a}_j, \cdots)$ を展開した第 3 項

$$(-1)^{1+(j+1)} a_{1j} \det(\cdots, \hat{\boldsymbol{a}}_{j+1}, ((j+1) \text{ 列目を除く}), \cdots) \tag{4.8}$$

の (-1) 倍となっている．同様に (4.7) の第 3 項は，$\det(\cdots, \boldsymbol{a}_{j+1}, \boldsymbol{a}_j, \cdots)$ を展開した第 2 項の (-1) 倍となっている．

　以上より，隣どうしを入れかえると (-1) 倍になることがわかった．

　次に隣どうしとは限らない $j < k$ の場合の入れかえは，隣どうしの入れかえを $(2(k-j)-1)$ 回，つまり奇数回行えばよいことがわかるので，$(-1)^{\text{奇数}} = -1$ 倍となる．

（たとえば，$|\boldsymbol{a}_3, \boldsymbol{a}_2, \boldsymbol{a}_1| = -|\boldsymbol{a}_2, \boldsymbol{a}_3, \boldsymbol{a}_1| = (-1)^2 |\boldsymbol{a}_2, \boldsymbol{a}_1, \boldsymbol{a}_3| = (-1)^3 |\boldsymbol{a}_1, \boldsymbol{a}_2, \boldsymbol{a}_3|$）

　よって一般の場合でも交代性が示せた．　　　　　　　　　　　　　□

4.3.4 　定義 4.2 と定義 4.5 が一致することの証明

　定義 4.2 から示した 3 つの性質（正規化条件，多重線形性，交代性) を利用して，定義 4.5 を導こう．

まず，n 個の列ベクトル $\boldsymbol{e}_j$ $(j = 1, \cdots, n)$ を

$$
\boldsymbol{e}_1 = \begin{pmatrix} 1 \\ 0 \\ \vdots \\ 0 \end{pmatrix}, \quad \boldsymbol{e}_2 = \begin{pmatrix} 0 \\ 1 \\ \vdots \\ 0 \end{pmatrix}, \cdots, \quad \boldsymbol{e}_n = \begin{pmatrix} 0 \\ 0 \\ \vdots \\ 1 \end{pmatrix} \tag{4.9}
$$

とすると，行列式の交代性と正規化条件より

$$
\det(\boldsymbol{e}_{\sigma(1)}, \cdots, \boldsymbol{e}_{\sigma(n)}) = \mathrm{sgn} \begin{pmatrix} 1 & 2 & \cdots & n \\ \sigma(1) & \sigma(2) & \cdots & \sigma(n) \end{pmatrix} \det(\boldsymbol{e}_1, \cdots, \boldsymbol{e}_n)
$$

$$
= \mathrm{sgn}(\sigma) \ \det(E_n) \ = \ \mathrm{sgn}(\sigma)
$$

であることに注意する．

次に，n 次正方行列 $A = (a_{ij}) = (\boldsymbol{a}_1, \cdots, \boldsymbol{a}_n)$ の各列ベクトルは

$$
\boldsymbol{a}_j = \begin{pmatrix} a_{1j} \\ \vdots \\ a_{nj} \end{pmatrix} = a_{1j}\boldsymbol{e}_1 + \cdots + a_{nj}\boldsymbol{e}_n = \sum_{i=1}^{n} a_{ij}\boldsymbol{e}_i \quad (j = 1, \cdots, n)
$$

と表されるので，多重線形性を用いて，

$$
\det(A) = \det \left(\sum_{i_1=1}^{n} a_{i_1,1}\boldsymbol{e}_{i_1}, \cdots, \sum_{i_n=1}^{n} a_{i_n,n}\boldsymbol{e}_{i_n} \right)
$$

$$
= \sum_{i_1=1}^{n} \cdots \sum_{i_n=1}^{n} a_{i_1,1} \cdots a_{i_n,n} \det\left(\boldsymbol{e}_{i_1}, \cdots, \boldsymbol{e}_{i_n} \right) \tag{4.10}
$$

ここで，行列式の交代性より，$\det\left(\boldsymbol{e}_{i_1}, \cdots, \boldsymbol{e}_{i_n}\right)$ が 0 でないのは，$i_1, \cdots, i_n$ がすべて異なるとき，すなわち，$(i_1, \cdots, i_n)$ が $(1, \cdots, n)$ の並べかえであるときのみである．よってある置換 σ を用いて，

$$
\det\left(\boldsymbol{e}_{i_1}, \cdots, \boldsymbol{e}_{i_n}\right) = \det(\boldsymbol{e}_{\sigma(1)}, \cdots, \boldsymbol{e}_{\sigma(n)}) = \mathrm{sgn}(\sigma)
$$

となるので定義 4.5 が得られる． $\qquad\qquad\qquad\qquad\qquad\qquad\qquad$ □

4.4 行列式の性質

これまでに学んだ行列式の性質をここでまとめておく.

正規化条件

E_n を n 次単位行列とするとき,

$$\det(E_n) = 1$$

多重線形性

$j = 1, 2, \cdots, n$ に対して,

1. $\det(\boldsymbol{a}_1, \cdots, \boldsymbol{a}_j + \boldsymbol{b}_j, \cdots, \boldsymbol{a}_n)$
   $= \det(\boldsymbol{a}_1, \cdots, \boldsymbol{a}_j, \cdots, \boldsymbol{a}_n) + \det(\boldsymbol{a}_1, \cdots, \boldsymbol{b}_j, \cdots, \boldsymbol{a}_n)$

2. $\det(\boldsymbol{a}_1, \cdots, c\boldsymbol{a}_j, \cdots, \boldsymbol{a}_n) = c\det(\boldsymbol{a}_1, \cdots, \boldsymbol{a}_j, \cdots, \boldsymbol{a}_n)$

が成立する.

交代性

行列式の2つの列を入れかえると, 行列式の値は -1 倍になる.

$$\det(\boldsymbol{a}_1, \cdots, \boldsymbol{a}_j, \cdots, \boldsymbol{a}_k, \cdots, \boldsymbol{a}_n) = -\det(\boldsymbol{a}_1, \cdots, \boldsymbol{a}_k, \cdots, \boldsymbol{a}_j, \cdots, \boldsymbol{a}_n)$$

さらに, 次が成り立つ.

定理 4.4 (転置不変性) $|{}^tA| = |A|$

この行列式の転置不変性より, 列に関する多重線形性・交代性は, 行に関しても成り立つ.

　次の定理は多重線形性と交代性から得られる. 実際の行列式の計算によく使われる.

定理 4.5 行列 A のある列にその行列の他の列の定数倍を加えても，行列式の値は不変である．すなわち，

$$\det(\boldsymbol{a}_1,\cdots,\boldsymbol{a}_i+c\boldsymbol{a}_j,\cdots,\boldsymbol{a}_j,\cdots,\boldsymbol{a}_n) = \det(\boldsymbol{a}_1,\cdots,\boldsymbol{a}_i,\cdots,\boldsymbol{a}_j,\cdots,\boldsymbol{a}_n)$$

が成立する．行に関しても同様の式が成り立つ．

例 4.4 上記の性質を使って，行列式の値を求めてみよう．やり方は掃き出し法によく似ている．

$$\begin{vmatrix} 1 & 1 & 5 \\ 1 & 3 & 1 \\ -1 & 1 & 2 \end{vmatrix} = \begin{vmatrix} 1 & 1 & 5 \\ 0 & 2 & -4 \\ 0 & 2 & 7 \end{vmatrix} = 1 \times \begin{vmatrix} 2 & -4 \\ 2 & 7 \end{vmatrix} = 22$$

$$② + ① \times (-1)$$
$$③ + ①$$

定理 4.4 の証明

$(1,\cdots,n)$ を $(i_1,\cdots,i_n)$ に並べかえる置換を

$$\sigma = \begin{pmatrix} 1 & \cdots & n \\ i_1 & \cdots & i_n \end{pmatrix}$$

で表し，この上下を逆にした置換を σ^{-1} で表す．たとえば，

$$\sigma = \begin{pmatrix} 1 & 2 & 3 \\ 3 & 1 & 2 \end{pmatrix} \quad \text{のとき，} \quad \sigma^{-1} = \begin{pmatrix} 3 & 1 & 2 \\ 1 & 2 & 3 \end{pmatrix} = \begin{pmatrix} 1 & 2 & 3 \\ 2 & 3 & 1 \end{pmatrix}$$

このとき，

$$|{}^tA| = \sum_\sigma \mathrm{sgn}(\sigma)\, a_{\sigma(1)1}\cdots a_{\sigma(n)n}$$

$$= \sum_\sigma \mathrm{sgn}(\sigma)\, a_{1\sigma^{-1}(1)}\cdots a_{n\sigma^{-1}(n)} \tag{4.11}$$

ここで $\mathrm{sgn}(\sigma) = \mathrm{sgn}(\sigma^{-1})$ （あみだくじの上下を入れかえても，横棒の本数は変わらない）より，(4.11) は $|A|$ に一致する．

4.4.1　行列の積の行列式

> **定理 4.6**　n 次正方行列 A, B に対して，次が成り立つ.
>
> $$|AB| = |A||B|$$

証明　ここでは $n = 2$ の場合を示す. 一般の n の場合でも証明の方針は同様である.

$$A = (\boldsymbol{a}_1, \boldsymbol{a}_2), \quad B = (\boldsymbol{b}_1, \boldsymbol{b}_2) = \begin{pmatrix} b_{11} & b_{12} \\ b_{21} & b_{22} \end{pmatrix} \quad (\boldsymbol{a}_j, \ \boldsymbol{b}_j \text{ は列ベクトル})$$

とおく.

$$A\boldsymbol{b}_j = (\boldsymbol{a}_1, \boldsymbol{a}_2) \begin{pmatrix} b_{1j} \\ b_{2j} \end{pmatrix} = b_{1j}\boldsymbol{a}_1 + b_{2j}\boldsymbol{a}_2 \quad (j = 1, 2)$$

と書けることを用いると，

$$
\begin{aligned}
|AB| &= |A\boldsymbol{b}_1, A\boldsymbol{b}_2| \\
&= |b_{11}\boldsymbol{a}_1 + b_{21}\boldsymbol{a}_2, \ b_{12}\boldsymbol{a}_1 + b_{22}\boldsymbol{a}_2| \\
&= b_{11}b_{12}|\boldsymbol{a}_1, \boldsymbol{a}_1| + b_{11}b_{22}|\boldsymbol{a}_1, \boldsymbol{a}_2| + b_{21}b_{12}|\boldsymbol{a}_2, \boldsymbol{a}_1| + b_{21}b_{22}|\boldsymbol{a}_2, \boldsymbol{a}_2|
\end{aligned}
$$

$$(4.12)$$

ここで行列式の交代性より

$$|\boldsymbol{a}_1, \boldsymbol{a}_1| = 0, \quad |\boldsymbol{a}_2, \boldsymbol{a}_2| = 0, \quad |\boldsymbol{a}_2, \boldsymbol{a}_1| = -|\boldsymbol{a}_1, \boldsymbol{a}_2|$$

であるから，(4.12) は，

$$
\begin{aligned}
|AB| &= (b_{11}b_{22} - b_{12}b_{21})|\boldsymbol{a}_1, \boldsymbol{a}_2| \\
&= |A||B| \qquad\qquad\qquad\qquad\qquad \square
\end{aligned}
$$

定理 4.6 を等式の証明に応用してみよう.

例 4.5

$$\begin{pmatrix} a & b \\ -b & a \end{pmatrix} \begin{pmatrix} c & -d \\ d & c \end{pmatrix} = \begin{pmatrix} ac+bd & -(ad-bc) \\ ad-bc & ac+bd \end{pmatrix}$$

の両辺の行列式をとると，

$$(a^2+b^2)(c^2+d^2) = (ac+bd)^2 + (ad-bc)^2$$

問 4.4 A が直交行列のとき，A の行列式の値を求めよ.

4.4.2 余因子展開

行列式は 1 行目に関する展開で定義したが，行列式の多重線形性・交代性と転置不変性を用いると，他の行や列に関しても，下記の定理のように展開できる．これを**余因子展開**という.

定理 4.7

$$|A| = a_{i1}\tilde{a}_{i1} + a_{i2}\tilde{a}_{i2} + \cdots + a_{in}\tilde{a}_{in} \quad (i = 1, 2, \cdots, n)$$

（第 i 行についての展開）

$$|A| = a_{1j}\tilde{a}_{1j} + a_{2j}\tilde{a}_{2j} + \cdots + a_{nj}\tilde{a}_{nj} \quad (j = 1, 2, \cdots, n)$$

（第 j 列についての展開）

問 4.5 次の行列式を第 3 行で展開して，その値を求めよ.

$$\begin{vmatrix} 2 & 1 & 1 & 1 \\ -1 & 2 & 1 & 1 \\ 2 & 0 & 0 & 3 \\ -1 & -1 & -1 & 2 \end{vmatrix}$$

$A = (a_{ij})$ で第 1 行のところに第 2 行を入れると 2 つの行が一致するので，

行列式は 0 になる. この行列式を第 1 行で展開すると,

$$0 = \begin{vmatrix} a_{21} & a_{22} & \cdots & a_{2n} \\ a_{21} & a_{22} & \cdots & a_{2n} \\ \vdots & \vdots & \ddots & \vdots \\ a_{n1} & a_{n2} & \cdots & a_{nn} \end{vmatrix}$$

$$= a_{21}\tilde{a}_{11} + a_{22}\tilde{a}_{12} + \cdots + a_{2n}\tilde{a}_{1n}$$

同様に第 j 行に第 i 行を入れて, 第 j 行で展開すると,

$$a_{i1}\tilde{a}_{j1} + a_{i2}\tilde{a}_{j2} + \cdots + a_{in}\tilde{a}_{jn} = 0 \quad (i \neq j)$$

行の代わりに列でも同様であるので, 定理 4.7 と合わせて次の定理を得る.

定理 4.8

$$a_{i1}\tilde{a}_{j1} + a_{i2}\tilde{a}_{j2} + \cdots + a_{in}\tilde{a}_{jn} = \begin{cases} |A| & (i = j) \\ 0 & (i \neq j) \end{cases}$$

$$a_{1i}\tilde{a}_{1j} + a_{2i}\tilde{a}_{2j} + \cdots + a_{ni}\tilde{a}_{nj} = \begin{cases} |A| & (i = j) \\ 0 & (i \neq j) \end{cases}$$

4.5　逆行列の公式

行列 A に対して, (i, j) 余因子 $\tilde{a}_{ij}$ を (j, i) 成分(転置の位置)にもつ行列を $\tilde{A}$ と書き, A の**余因子行列**という. A とその余因子行列 $\tilde{A}$ の積を計算し, 定理 4.8 を用いると,

$$A\tilde{A} = \begin{pmatrix} a_{11} & a_{12} & \cdots & a_{1n} \\ a_{21} & a_{22} & \cdots & a_{2n} \\ \vdots & \vdots & \ddots & \vdots \\ a_{n1} & a_{n2} & \cdots & a_{nn} \end{pmatrix} \begin{pmatrix} \tilde{a}_{11} & \tilde{a}_{21} & \cdots & \tilde{a}_{n1} \\ \tilde{a}_{12} & \tilde{a}_{22} & \cdots & \tilde{a}_{n2} \\ \vdots & \vdots & \ddots & \vdots \\ \tilde{a}_{1n} & \tilde{a}_{2n} & \cdots & \tilde{a}_{nn} \end{pmatrix}$$

$$
= \begin{pmatrix} \displaystyle\sum_{k=1}^{n} a_{1k}\tilde{a}_{1k} & \cdots & \displaystyle\sum_{k=1}^{n} a_{1k}\tilde{a}_{nk} \\ \vdots & \ddots & \vdots \\ \displaystyle\sum_{k=1}^{n} a_{nk}\tilde{a}_{1k} & \cdots & \displaystyle\sum_{k=1}^{n} a_{nk}\tilde{a}_{nk} \end{pmatrix}
$$

$$
= \begin{pmatrix} |A| & & & O \\ & |A| & & \\ & & \ddots & \\ O & & & |A| \end{pmatrix} = |A|E
$$

よって，$|A| \neq 0$ のとき，$\dfrac{1}{|A|}\tilde{A}$ は A の逆行列になる．

逆に A が正則行列であれば，逆行列が存在して $AA^{-1} = E$ であるから，$|A||A^{-1}| = |E| = 1$ より $|A| \neq 0$ である．よって次の定理が得られる．

定理 4.9 n 次正方行列 $A = (a_{ij})$ に対して，

$$A \text{ が正則行列} \quad \Leftrightarrow \quad |A| \neq 0$$

であり，A が正則のとき，

$$
A^{-1} = \frac{1}{|A|} \begin{pmatrix} \tilde{a}_{11} & \tilde{a}_{21} & \cdots & \tilde{a}_{n1} \\ \tilde{a}_{12} & \tilde{a}_{22} & \cdots & \tilde{a}_{n2} \\ \vdots & \vdots & \ddots & \vdots \\ \tilde{a}_{1n} & \tilde{a}_{2n} & \cdots & \tilde{a}_{nn} \end{pmatrix} \tag{4.13}
$$

問 4.6 次の行列が正則かどうか調べ，正則ならば逆行列を求めよ．

(1) $\begin{pmatrix} 0 & 1 & -1 \\ -2 & 1 & -2 \\ -1 & -1 & 0 \end{pmatrix}$ $\qquad (2)$ $\begin{pmatrix} 2 & 0 & -1 \\ 0 & 1 & 1 \\ -2 & 2 & 3 \end{pmatrix}$

4.6　クラメルの公式

n 変数の連立1次方程式

$$\begin{cases} a_{11}x_1 + a_{12}x_2 + \cdots + a_{1n}x_n & = & b_1 \\ a_{21}x_1 + a_{22}x_2 + \cdots + a_{2n}x_n & = & b_2 \\ & \vdots & \\ a_{n1}x_1 + a_{n2}x_2 + \cdots + a_{nn}x_n & = & b_n \end{cases}$$

を行列

$$A = \begin{pmatrix} a_{11} & a_{12} & \cdots & a_{1n} \\ a_{21} & a_{22} & \cdots & a_{2n} \\ \vdots & \vdots & \ddots & \vdots \\ a_{n1} & a_{n2} & \cdots & a_{nn} \end{pmatrix}, \quad \boldsymbol{x} = \begin{pmatrix} x_1 \\ x_2 \\ \vdots \\ x_n \end{pmatrix}, \quad \boldsymbol{b} = \begin{pmatrix} b_1 \\ b_2 \\ \vdots \\ b_n \end{pmatrix}$$

を用いて

$$A\boldsymbol{x} = \boldsymbol{b}$$

と表しておく.

$|A| \neq 0$ のとき,

$$\boldsymbol{x} = A^{-1}\boldsymbol{b} = \frac{1}{|A|} \begin{pmatrix} \tilde{a}_{11} & \tilde{a}_{21} & \cdots & \tilde{a}_{n1} \\ \tilde{a}_{12} & \tilde{a}_{22} & \cdots & \tilde{a}_{n2} \\ \vdots & \vdots & \ddots & \vdots \\ \tilde{a}_{1n} & \tilde{a}_{2n} & \cdots & \tilde{a}_{nn} \end{pmatrix} \begin{pmatrix} b_1 \\ b_2 \\ \vdots \\ b_n \end{pmatrix}$$

これより,

$$x_1 = \frac{1}{|A|}(b_1\tilde{a}_{11} + b_2\tilde{a}_{21} + \cdots + b_n\tilde{a}_{n1})$$

この式は行列式 $|A|$ を第1列で展開するとき,第1列を $\boldsymbol{b}$ で置き換えたものであるから,

$$x_1 = \frac{1}{|A|} \begin{vmatrix} b_1 & a_{12} & \cdots & a_{1n} \\ b_2 & a_{22} & \cdots & a_{2n} \\ \vdots & \vdots & \ddots & \vdots \\ b_n & a_{n2} & \cdots & a_{nn} \end{vmatrix}$$

他の未知数 $x_2, \cdots, x_n$ に対しても同様に考えて，次の定理を得る．

定理 4.10 (クラメルの公式) n 変数の連立 1 次方程式

$$\begin{cases} a_{11}x_1 + a_{12}x_2 + \cdots + a_{1n}x_n &=& b_1 \\ a_{21}x_1 + a_{22}x_2 + \cdots + a_{2n}x_n &=& b_2 \\ & & \vdots \\ a_{n1}x_1 + a_{n2}x_2 + \cdots + a_{nn}x_n &=& b_n \end{cases}$$

が与えられたとき，係数行列 A が $|A| \neq 0$ をみたせば，この連立 1 次方程式はただ 1 組の解をもち，次の形で与えられる．

$$x_j = \frac{1}{|A|} \begin{vmatrix} a_{11} & \cdots & b_1 & \cdots & a_{1n} \\ a_{21} & \cdots & b_2 & \cdots & a_{2n} \\ \vdots & & \vdots & & \vdots \\ a_{n1} & \cdots & b_n & \cdots & a_{nn} \end{vmatrix} \qquad (j = 1, 2, \cdots, n)$$

第 j 列

例 4.6 連立 1 次方程式

$$\begin{cases} ax_1 + bx_2 = p \\ cx_1 + dx_2 = q \end{cases}$$

は，$ad - bc \neq 0$ のときただ 1 組の解をもち，

$$x_1 = \frac{pd - qb}{ad - bc} = \frac{\begin{vmatrix} p & b \\ q & d \end{vmatrix}}{\begin{vmatrix} a & b \\ c & d \end{vmatrix}}, \quad x_2 = \frac{aq - cp}{ad - bc} = \frac{\begin{vmatrix} a & p \\ c & q \end{vmatrix}}{\begin{vmatrix} a & b \\ c & d \end{vmatrix}}$$

例 4.7 クラメルの公式を用いて，次の連立 1 次方程式を解け．

$$\begin{cases} 3x_1 + 5x_2 - x_3 = -2 \\ 2x_1 - x_2 + 3x_3 = 14 \\ x_1 + 2x_2 - x_3 = -3 \end{cases}$$

解答 4.1 係数行列の行列式は

$$\begin{vmatrix} 3 & 5 & -1 \\ 2 & -1 & 3 \\ 1 & 2 & -1 \end{vmatrix} = 5$$

であるので,

$$x_1 = \frac{1}{5}\begin{vmatrix} -2 & 5 & -1 \\ 14 & -1 & 3 \\ -3 & 2 & -1 \end{vmatrix} = \frac{1}{5}\cdot 10 = 2,$$

$$x_2 = \frac{1}{5}\begin{vmatrix} 3 & -2 & -1 \\ 2 & 14 & 3 \\ 1 & -3 & -1 \end{vmatrix} = \frac{1}{5}\cdot(-5) = -1,$$

$$x_3 = \frac{1}{5}\begin{vmatrix} 3 & 5 & -2 \\ 2 & -1 & 14 \\ 1 & 2 & -3 \end{vmatrix} = \frac{1}{5}\cdot 15 = 3.$$

問 4.7 クラメルの公式を用いて, 次の連立 1 次方程式を解け.

$$(1)\ \begin{cases} x_1 + 2x_2 = 1 \\ 3x_1 + 4x_2 = 5 \end{cases} \qquad (2)\ \begin{cases} x_1 + x_2 + 5x_3 = 6 \\ x_1 + 3x_2 + x_3 = -2 \\ -x_1 + x_2 + 2x_3 = -3 \end{cases}$$

4.7 特別な形の行列式

例 4.8 次の等式を示せ.

$$\begin{vmatrix} 1 & 1 & 1 \\ x_1 & x_2 & x_3 \\ x_1{}^2 & x_2{}^2 & x_3{}^2 \end{vmatrix} = \prod_{3 \geq i > j \geq 1}(x_i - x_j)$$

解答 4.2 第 3 行 − 第 2 行 ×x_1, 第 2 行 − 第 1 行 ×x_1 という操作を行うと,

$$
\text{与式} = \begin{vmatrix} 1 & 1 & 1 \\ 0 & x_2 - x_1 & x_3 - x_1 \\ 0 & x_2(x_2 - x_1) & x_3(x_3 - x_1) \end{vmatrix}
$$

$$
= \begin{vmatrix} x_2 - x_1 & x_3 - x_1 \\ x_2(x_2 - x_1) & x_3(x_3 - x_1) \end{vmatrix}
$$

$$
= (x_2 - x_1)(x_3 - x_1) \begin{vmatrix} 1 & 1 \\ x_2 & x_3 \end{vmatrix}
$$

$$
= (x_2 - x_1)(x_3 - x_1)(x_3 - x_2) \qquad \square
$$

一般に, 次の等式が成立する.

$$
\begin{vmatrix} 1 & 1 & \cdots & \cdots & 1 \\ x_1 & x_2 & \cdots & \cdots & x_n \\ x_1{}^2 & x_2{}^2 & \cdots & \cdots & x_n{}^2 \\ \vdots & \vdots & & & \vdots \\ x_1{}^{n-1} & x_2{}^{n-1} & \cdots & \cdots & x_n{}^{n-1} \end{vmatrix} = \prod_{n \geq i > j \geq 1} (x_i - x_j)
$$

これを **ファンデルモンド (Vandermonde) 行列式** という. また, 右辺の $\displaystyle\prod_{n \geq i > j \geq 1} (x_i - x_j)$ を **差積** という. 一般の n の場合は数学的帰納法で示せるので, 証明してみてほしい. この関係式は応用上重要である.

例 4.9 $A = \begin{pmatrix} 1 & 1 & 1 \\ 1 & \omega & \omega^2 \\ 1 & \omega^2 & \omega \end{pmatrix}$ の行列式 $|A|$ を求める. ここで ω は $\omega^3 = 1$, $\omega \neq 1$ をみたす複素数である (1 の 3 乗根). 具体的には, $\omega = \dfrac{-1 + \sqrt{3}i}{2}$, $\omega^2 = \dfrac{-1 - \sqrt{3}i}{2}$ で, $1 + \omega + \omega^2 = 0$, $\bar{\omega} = \omega^2$ が成り立つ.

A はファンデルモンド行列

$$A = \begin{pmatrix} 1 & 1 & 1 \\ 1 & \omega & \omega^2 \\ 1 & \omega^2 & \omega^4 \end{pmatrix}$$

に等しいので，その行列式は差積である．つまり，

$$|A| = (\omega - 1)(\omega^2 - 1)(\omega^2 - \omega) = 3\omega(\omega - 1).$$

―――――――――4章の演習問題―――――――――

4.1 次の行列式を計算せよ．

(1) $\begin{vmatrix} 0 & 0 & 1 \\ 3 & -1 & 1 \\ 0 & 2 & 2 \end{vmatrix}$ (2) $\begin{vmatrix} 1 & 2 & 3 \\ 4 & 5 & 6 \\ 7 & 8 & 9 \end{vmatrix}$ (3) $\begin{vmatrix} a & -1 & 0 \\ b & x & -1 \\ c & 0 & x \end{vmatrix}$

(4) $\begin{vmatrix} 2 & -1 & 0 & 0 \\ -1 & 2 & -1 & 0 \\ 0 & -1 & 2 & -1 \\ 0 & 0 & -1 & 2 \end{vmatrix}$ (5) $\begin{vmatrix} 1 & 1 & 1 & 1 \\ 1 & 2 & 3 & 4 \\ 1 & 3 & 4 & 5 \\ 1 & 4 & 5 & 6 \end{vmatrix}$

4.2 (1) 行列 $A = \begin{pmatrix} a & b \\ c & d \end{pmatrix}$ と行列 $B = \begin{pmatrix} x & y \\ u & v \end{pmatrix}$ の積 AB を計算せよ．

(2) (1)で求めた行列 AB の行列式 $|AB|$ を因数分解せよ．

(ヒント：$|A| = ad - bc$ に注目せよ)

4.3 次の行列式を因数分解せよ．

(1) $\begin{vmatrix} 1 & 1 & 1 \\ a & b & c \\ a^3 & b^3 & c^3 \end{vmatrix}$ (2) $\begin{vmatrix} 1 & a & a^2 + bc \\ 1 & b & b^2 + ca \\ 1 & c & c^2 + ab \end{vmatrix}$ (3) $\begin{vmatrix} a & b & b & b \\ a & b & a & a \\ a & a & b & a \\ a & a & a & b \end{vmatrix}$

(4) $\begin{vmatrix} a^2 + b^2 & bc & ac \\ bc & a^2 + c^2 & ab \\ ac & ab & b^2 + c^2 \end{vmatrix}$

(ヒント：$A = \begin{pmatrix} 0 & a & b \\ a & 0 & c \\ b & c & 0 \end{pmatrix}$ に対して A^2 を考えよ)

4.4　(1) n 次正方行列 A とスカラー c に対して，$|cA| = c^n|A|$ を示せ.

(2) 奇数次の交代行列 X の行列式 $|X|$ の値は 0 であることを示せ.

4.5　次の行列の逆行列を余因子を計算して求めよ.

(1) $\begin{pmatrix} 1 & 1 & 1 \\ 1 & 2 & 3 \\ 2 & 4 & 5 \end{pmatrix}$　　　　(2) $\begin{pmatrix} 1 & 0 & 0 & 0 \\ a & 1 & 0 & 0 \\ 0 & b & 1 & 0 \\ 0 & 0 & c & 1 \end{pmatrix}$

4.6　次の等式を証明せよ.

$$\begin{vmatrix} 0 & a & b & c \\ -a & 0 & d & e \\ -b & -d & 0 & f \\ -c & -e & -f & 0 \end{vmatrix} = (af - be + cd)^2$$

4.7　(1) $\begin{vmatrix} a_{11} & a_{12} & c_{11} & c_{12} \\ a_{21} & a_{22} & c_{21} & c_{22} \\ 0 & 0 & b_{11} & b_{12} \\ 0 & 0 & b_{21} & b_{22} \end{vmatrix} = \begin{vmatrix} a_{11} & a_{12} \\ a_{21} & a_{22} \end{vmatrix}\begin{vmatrix} b_{11} & b_{12} \\ b_{21} & b_{22} \end{vmatrix}$ を示せ.

(2) A を m 次正方行列，B を n 次正方行列とするとき，次が成り立つことを示せ.

$$\begin{vmatrix} A & C \\ O & B \end{vmatrix} = |A||B|, \qquad \begin{vmatrix} A & O \\ D & B \end{vmatrix} = |A||B|$$

4.8　異なる 3 点 (x_1, y_1), (x_2, y_2), (x_3, y_3) を通る 2 次関数は

$$y = y_1 \frac{(x - x_2)(x - x_3)}{(x_1 - x_2)(x_1 - x_3)} + y_2 \frac{(x - x_1)(x - x_3)}{(x_2 - x_1)(x_2 - x_3)} + y_3 \frac{(x - x_1)(x - x_2)}{(x_3 - x_1)(x_3 - x_2)}$$

で与えられる．これを**ラグランジュの補間公式**という．この公式を次の手順に従って求めよ.

(1) 求める 2 次関数を $y = Ax^2 + Bx + C$ とおき，(A, B, C) を行列の形で求めることで，次が成り立つことを示せ.

$$y = (A, B, C)\begin{pmatrix} x^2 \\ x \\ 1 \end{pmatrix} = (y_1, y_2, y_3)\begin{pmatrix} x_1{}^2 & x_2{}^2 & x_3{}^2 \\ x_1 & x_2 & x_3 \\ 1 & 1 & 1 \end{pmatrix}^{-1}\begin{pmatrix} x^2 \\ x \\ 1 \end{pmatrix}. \quad (4.14)$$

(2) 上式 (4.14) に現れる逆行列を具体的に求め，(4.14) の右辺を補間公式の形に整理せよ.

5 線形空間と線形写像

5.1 ベクトル

5.1.1 幾何ベクトル

空間における2点 A, B を考える. 有向線分 AB で位置を考えずに向きと大きさだけ考えたとき, これを $\overrightarrow{AB}$ と書き**幾何ベクトル**という.

(a) 幾何ベクトルの和

幾何ベクトル $\vec{a}$ と $\vec{b}$ の和 $\vec{a}+\vec{b}$ は図のように定められる.

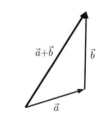

図 5.1

(b) 幾何ベクトルの実数倍

幾何ベクトル $\vec{a}$ を正の実数 c 倍したベクトル $c\vec{a}$ は, 向きは $\vec{a}$ と同じで, 大きさを c 倍したものと定義する. c が負の場合には, 逆向きで大きさは $|c|$ 倍したものと定義する (図を参照).

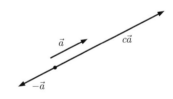

図 5.2

5.1.2 数ベクトルとの対応

実数全体の集合を $\mathbf{R}$ で表し, 複素数全体の集合を $\mathbf{C}$ で表す. $\mathbf{R}^n$, $\mathbf{C}^n$ で, それぞれ n 個の実数, n 個の複素数を並べたもの全体の集合を表し, その元を**数ベクトル**という.

$\mathbf{R}^n$, $\mathbf{C}^n$ の元は行ベクトルまたは列ベクトルで表される. 本書では, 列ベク

トル x で表すことにする. すなわち,

$$x = \begin{pmatrix} x_1 \\ \vdots \\ x_n \end{pmatrix} \in \mathbf{R}^n \ (\text{または} \ \mathbf{C}^n)$$

注意 5.1　幾何ベクトルと数ベクトルを分けて考えたが, 幾何ベクトルは数ベクトルと以下のようにして同一視することができる. ここでの考え方が, 抽象的な**線形空間**を理解する手がかりになるので意識してほしい.

まず, 平面の場合, 平面上に座標軸 (x 軸, y 軸) を設定し, x 軸方向, y 軸方向の**単位ベクトル**（大きさが 1 であるベクトル）をそれぞれ $\vec{e}_1, \vec{e}_2$ とすると, 平面上の幾何ベクトル $\vec{a}$ は

$$\vec{a} = a_1 \vec{e}_1 + a_2 \vec{e}_2 \quad (a_1, a_2 \text{ は定数})$$

と表される. このとき, a_1 を **x 成分**, a_2 を **y 成分**といい, 幾何ベクトル $\vec{a}$ を次のように $\mathbf{R}^2$ の数ベクトル a に対応させる:

$$f(\vec{a}) = a = \begin{pmatrix} a_1 \\ a_2 \end{pmatrix} \in \mathbf{R}^2$$

この表し方を $\vec{a}$ の**成分表示**という.

同様に, 空間における幾何ベクトル $\vec{a}$ は, x 軸, y 軸, z 軸方向の単位ベクトル $\vec{e}_1, \vec{e}_2, \vec{e}_3$ を用いて；

$$\vec{a} = a_1 \vec{e}_1 + a_2 \vec{e}_2 + a_3 \vec{e}_3 \quad (a_1, a_2, a_3 \text{ は定数})$$

と表されるので, 以下のように対応させる:

$$f(\vec{a}) = a = \begin{pmatrix} a_1 \\ a_2 \\ a_3 \end{pmatrix} \in \mathbf{R}^3$$

この対応で大切なのは**線形性**である. つまり, 次のような関係が成り立つ. $f(\vec{a}) = a$, $f(\vec{b}) = b$ のとき,

$$f(\vec{a} + \vec{b}) = \boldsymbol{a} + \boldsymbol{b}, \quad f(c\vec{a}) = c\boldsymbol{a} \quad (c \text{ は実数}) \tag{5.1}$$

基本ベクトル

$\boldsymbol{a}, \boldsymbol{b}$ がともに $\boldsymbol{0}$ でないベクトルのとき，ある実数 c が存在して $\boldsymbol{a} = c\boldsymbol{b}$ となるとき $\boldsymbol{a}$ と $\boldsymbol{b}$ は平行であるといい，$\boldsymbol{a}/\!/\boldsymbol{b}$ と表す.

$\boldsymbol{a}$ を $\boldsymbol{0}$ でないベクトルとするとき，$\dfrac{1}{\|\boldsymbol{a}\|}\boldsymbol{a}$ は $\boldsymbol{a}$ 方向の単位ベクトルである. また，$\mathbf{R}^n$ の単位ベクトル

$$\boldsymbol{e}_1 = \begin{pmatrix} 1 \\ 0 \\ \vdots \\ 0 \end{pmatrix}, \quad \boldsymbol{e}_2 = \begin{pmatrix} 0 \\ 1 \\ \vdots \\ 0 \end{pmatrix}, \quad \boldsymbol{e}_n = \begin{pmatrix} 0 \\ 0 \\ \vdots \\ 1 \end{pmatrix}$$

を $\mathbf{R}^n$ の**基本ベクトル**という.

例 5.1　平面内の点 A$= (a_1, a_2)$ の位置ベクトルを $\boldsymbol{a}$ とすれば，

$$\boldsymbol{a} = \begin{pmatrix} a_1 \\ a_2 \end{pmatrix} = a_1 \begin{pmatrix} 1 \\ 0 \end{pmatrix} + a_2 \begin{pmatrix} 0 \\ 1 \end{pmatrix}$$

より $\boldsymbol{a} = a_1 \boldsymbol{e}_1 + a_2 \boldsymbol{e}_2$ と表せる. これを $\boldsymbol{a}$ の**基本ベクトル表示**という.

5.2　線形空間の定義

空でない集合 V に対し，和と定数倍（スカラー倍ともいう）が定義され，

V の任意の元 $\boldsymbol{a}, \boldsymbol{b}$ に対して，$\boldsymbol{a} + \boldsymbol{b} \in V$

V の任意の元 $\boldsymbol{a}$ と定数（スカラー）c に対して，$c\boldsymbol{a} \in V$

であって，これらの 2 つの演算が次の (1) から (8) の性質をみたすとき，V を**線形空間**または**ベクトル空間**といい，V の元を**ベクトル**という：

任意の $\boldsymbol{a}, \boldsymbol{b}, \boldsymbol{c} \in V$, スカラー c, d に対して,

　(1)　$\boldsymbol{a} + \boldsymbol{b} = \boldsymbol{b} + \boldsymbol{a}$

　(2)　$(\boldsymbol{a} + \boldsymbol{b}) + \boldsymbol{c} = \boldsymbol{a} + (\boldsymbol{b} + \boldsymbol{c})$

　(3)　$\boldsymbol{a} \in V$ に対して $\boldsymbol{a} + \boldsymbol{0} = \boldsymbol{a}$ となる $\boldsymbol{0} \in V$ が存在する.

　　　　この $\boldsymbol{0}$ を零ベクトルという.

　(4)　$\boldsymbol{a} \in V$ に対して $\boldsymbol{a} + (-\boldsymbol{a}) = \boldsymbol{0}$ となる $-\boldsymbol{a} \in V$ が存在する.

　(5)　$(c + d)\boldsymbol{a} = c\boldsymbol{a} + d\boldsymbol{a}$

　(6)　$c(\boldsymbol{a} + \boldsymbol{b}) = c\boldsymbol{a} + c\boldsymbol{b}$

　(7)　$(cd)\boldsymbol{a} = c(d\boldsymbol{a})$

　(8)　$1\boldsymbol{a} = \boldsymbol{a}$

スカラー c が実数のときに**実線形空間**, 複素数のときに**複素線形空間**という.

例 5.2　$\mathbf{R}^n$ のベクトル $\boldsymbol{a} = \begin{pmatrix} a_1 \\ a_2 \\ \vdots \\ a_n \end{pmatrix}$, $\boldsymbol{b} = \begin{pmatrix} b_1 \\ b_2 \\ \vdots \\ b_n \end{pmatrix}$, 実数 c に対し, 和

と実数倍を

$$\boldsymbol{a} + \boldsymbol{b} = \begin{pmatrix} a_1 + b_1 \\ a_2 + b_2 \\ \vdots \\ a_n + b_n \end{pmatrix}, \quad c\boldsymbol{a} = \begin{pmatrix} ca_1 \\ ca_2 \\ \vdots \\ ca_n \end{pmatrix}$$

と定義すると, $\mathbf{R}^n$ は線形空間となる. $\mathbf{R}^n$ を**数ベクトル空間**という. 特に平面ベクトル全体の集合 $\mathbf{R}^2$, 空間ベクトル全体の集合 $\mathbf{R}^3$ は線形空間である.

例 5.3　n 個の複素数を並べたもの全体の集合 $\mathbf{C}^n$ において, 和と複素数倍を $\mathbf{R}^n$ のときと同様に定義すれば, $\mathbf{C}^n$ は複素線形空間である.

例 5.4　$m \times n$ 実行列の全体を $M(m, n)$ とすれば, 行列の和と実数倍に対して線形空間となる.

例 5.5　実数を係数とする多項式全体の集合を $\mathbf{P}$ とすると，通常の多項式の和と定数倍に対して線形空間となる．

問 5.1　例 5.4，例 5.5 を確かめよ．

例 5.6　区間 I 上で連続な実数値関数の全体を $C^0(I)$ とする．$f, g \in C^0(I)$, $c \in \mathbf{R}$ に対して

$$(f + g)(x) = f(x) + g(x)$$
$$(cf)(x) = cf(x)$$

のように和と実数倍を定義すると，$C^0(I)$ は線形空間になる．

5.3　部分空間

線形空間 V の空でない部分集合 W が和と定数倍について閉じているとき，すなわち，

$$
\begin{array}{lll}
\text{任意の } \boldsymbol{a}, \boldsymbol{b} \in W & \Rightarrow & \boldsymbol{a} + \boldsymbol{b} \in W \\
\text{任意の } \boldsymbol{a} \in W, \text{ スカラー } c & \Rightarrow & c\boldsymbol{a} \in W
\end{array}
$$

が成り立つとき，W は V の**部分空間**であるという．

例 5.7　$\mathbf{R}^2$ の部分集合

$$W = \left\{ \begin{pmatrix} x \\ y \end{pmatrix} \middle| 2x - 3y = 0 \right\}$$

は $\mathbf{R}^2$ の部分空間であることを示せ．

解答 5.1　$\mathbf{0} = \begin{pmatrix} 0 \\ 0 \end{pmatrix}$ は $2 \cdot 0 - 3 \cdot 0 = 0$ より $\mathbf{0} \in W$ なので，W は空集合ではない．

次に $\boldsymbol{x}_1 = \begin{pmatrix} x_1 \\ y_1 \end{pmatrix}$, $\boldsymbol{x}_2 = \begin{pmatrix} x_2 \\ y_2 \end{pmatrix}$ が W の任意の元, つまり

$$2x_1 - 3y_1 = 0, \quad 2x_2 - 3y_2 = 0$$

とする. このとき,

$$2(x_1 + x_2) - 3(y_1 + y_2) = (2x_1 - 3y_1) + (2x_2 - 3y_2) = 0 + 0 = 0$$

より $\boldsymbol{x}_1 + \boldsymbol{x}_2 \in W$ である.

また, W の任意の元 $\boldsymbol{x} = \begin{pmatrix} x \\ y \end{pmatrix}$ と $c \in \mathbf{R}$ に対して $c\boldsymbol{x} = \begin{pmatrix} cx \\ cy \end{pmatrix}$ であり,

$$2(cx) - 3(cy) = c(2x - 3y) = c \cdot 0 = 0$$

より $c\boldsymbol{x} \in W$.   □

注意 5.2 $\mathbf{R}^2$ の部分集合

$$W = \left\{ \begin{pmatrix} x \\ y \end{pmatrix} \,\middle|\, 2x - 3y = 1 \right\}$$

は $\mathbf{R}^2$ の部分空間ではない. なぜなら, $\boldsymbol{x}_1 = \begin{pmatrix} x_1 \\ y_1 \end{pmatrix}$, $\boldsymbol{x}_2 = \begin{pmatrix} x_2 \\ y_2 \end{pmatrix}$ を W の任意の元, つまり

$$2x_1 - 3y_1 = 1, \quad 2x_2 - 3y_2 = 1$$

とするとき,

$$2(x_1 + x_2) - 3(y_1 + y_2) = (2x_1 - 3y_1) + (2x_2 - 3y_2) = 1 + 1 = 2 \neq 1$$

となってしまうからである.

一般に, 平面 $\mathbf{R}^2$ 内の <u>原点を通る</u> 直線は $\mathbf{R}^2$ の部分空間となる.

問 5.2　$\mathbf{R}^3$ の部分集合

$$W = \left\{ \begin{pmatrix} x \\ y \\ z \end{pmatrix} \,\middle|\, x + 2y - z = 0 \right\}$$

は $\mathbf{R}^3$ の部分空間であることを示せ.

　（一般に，空間 $\mathbf{R}^3$ 内の 原点を通る 平面は $\mathbf{R}^3$ の部分空間となる.）

5.4　1 次独立と 1 次従属

　ベクトル $\boldsymbol{a}_1, \boldsymbol{a}_2, \cdots, \boldsymbol{a}_r$ とスカラー $c_1, c_2, \cdots, c_r$ に対し,

$$c_1 \boldsymbol{a}_1 + c_2 \boldsymbol{a}_2 + \cdots + c_r \boldsymbol{a}_r \tag{5.2}$$

を $\boldsymbol{a}_1, \boldsymbol{a}_2, \cdots, \boldsymbol{a}_r$ の **1 次結合**（または**線形結合**）という.

$c_1, c_2, \cdots, c_r$ を未知数とする方程式

$$c_1 \boldsymbol{a}_1 + c_2 \boldsymbol{a}_2 + \cdots + c_r \boldsymbol{a}_r = \boldsymbol{0} \tag{5.3}$$

を考える. (5.3) をみたす $c_1, c_2, \cdots, c_r$ が $c_1 = c_2 = \cdots = c_r = 0$ 以外に
ない場合, $\boldsymbol{a}_1, \boldsymbol{a}_2, \cdots, \boldsymbol{a}_r$ は **1 次独立**（または**線形独立**）であるという.

そうでないとき, つまり $c_1, c_2, \cdots, c_r$ の中に少なくとも 1 つは 0 でないもの
があって (5.3) をみたすとき, $\boldsymbol{a}_1, \boldsymbol{a}_2, \cdots, \boldsymbol{a}_r$ は **1 次従属**（または**線形従属**）で
あるという.

例 5.8　$\mathbf{R}^3$ の基本ベクトル $\boldsymbol{e}_1 = \begin{pmatrix} 1 \\ 0 \\ 0 \end{pmatrix}$, $\boldsymbol{e}_2 = \begin{pmatrix} 0 \\ 1 \\ 0 \end{pmatrix}$, $\boldsymbol{e}_3 = \begin{pmatrix} 0 \\ 0 \\ 1 \end{pmatrix}$

は1次独立である. なぜなら,

$$c_1 \begin{pmatrix} 1 \\ 0 \\ 0 \end{pmatrix} + c_2 \begin{pmatrix} 0 \\ 1 \\ 0 \end{pmatrix} + c_3 \begin{pmatrix} 0 \\ 0 \\ 1 \end{pmatrix} = \mathbf{0} \quad \text{とすると,} \quad \begin{pmatrix} c_1 \\ c_2 \\ c_3 \end{pmatrix} = \begin{pmatrix} 0 \\ 0 \\ 0 \end{pmatrix}$$

より, $c_1 = c_2 = c_3 = 0$ となるからである.

ここで, 次の定理を挙げておく.

定理 5.1　$\mathbf{v}_1, \cdots, \mathbf{v}_n$ の1次独立な最大個数 $= r$

$\Leftrightarrow$ $\mathbf{v}_1, \cdots, \mathbf{v}_n$ の中に r 個の1次独立なベクトルがあり,
　他の $(n-r)$ 個のベクトルはこの r 個のベクトルの1次結合で書ける.

例 5.9　次のベクトルの1次独立な最大個数 r と, r 個の1次独立なベクトルを1組求め, 他のベクトルをそれらの1次結合で表せ.

$$\mathbf{a}_1 = \begin{pmatrix} 1 \\ 4 \\ 7 \end{pmatrix}, \quad \mathbf{a}_2 = \begin{pmatrix} 2 \\ 5 \\ 8 \end{pmatrix}, \quad \mathbf{a}_3 = \begin{pmatrix} 3 \\ 6 \\ 9 \end{pmatrix}$$

解答 5.2　掃き出し法で

$$(\mathbf{a}_1 \mathbf{a}_2 \mathbf{a}_3) = \begin{pmatrix} 1 & 2 & 3 \\ 4 & 5 & 6 \\ 7 & 8 & 9 \end{pmatrix} \rightarrow \begin{pmatrix} 1 & 0 & -1 \\ 0 & 1 & 2 \\ 0 & 0 & 0 \end{pmatrix} = (\mathbf{b}_1 \mathbf{b}_2 \mathbf{b}_3)$$

と変形すると, $\mathbf{b}_3 = \begin{pmatrix} -1 \\ 2 \\ 0 \end{pmatrix} = (-1) \begin{pmatrix} 1 \\ 0 \\ 0 \end{pmatrix} + 2 \begin{pmatrix} 0 \\ 1 \\ 0 \end{pmatrix} = -\mathbf{b}_1 + 2\mathbf{b}_2$ と

$\mathbf{b}_1$, $\mathbf{b}_2$ が1次独立であることがわかる. 以前学んだように, 掃き出し法には, ある正則行列 P を用いて $P(\mathbf{a}_1 \mathbf{a}_2 \mathbf{a}_3) = (\mathbf{b}_1 \mathbf{b}_2 \mathbf{b}_3)$ となる関係があるので, $\mathbf{a}_1$, $\mathbf{a}_2$ が1次独立で $r = 2$ であり, $\mathbf{a}_3$ は $\mathbf{a}_3 = -\mathbf{a}_1 + 2\mathbf{a}_2$ と $\mathbf{a}_1$, $\mathbf{a}_2$ の1次結合で

表されることがわかる. さらに $r = \mathrm{rank}\,(\boldsymbol{a}_1\boldsymbol{a}_2\boldsymbol{a}_3)$ であることもわかる.

線形空間 V のベクトル $\boldsymbol{v}_1, \boldsymbol{v}_2, \cdots, \boldsymbol{v}_n$ の 1 次結合全体からなる集合は V の部分空間になる. この部分空間を $\boldsymbol{v}_1, \boldsymbol{v}_2, \cdots, \boldsymbol{v}_n$ によって**生成される**部分空間, または**張られる**部分空間といい, $\langle \boldsymbol{v}_1, \boldsymbol{v}_2, \cdots, \boldsymbol{v}_n \rangle$ で表す.

$$\langle \boldsymbol{v}_1, \boldsymbol{v}_2, \cdots, \boldsymbol{v}_n \rangle = \{ c_1\boldsymbol{v}_1 + c_2\boldsymbol{v}_2 + \cdots + c_n\boldsymbol{v}_n \,|\, c_1, c_2, \cdots, c_n はスカラー \}$$

例 5.10 $\mathbf{R}^3$ は基本ベクトル $\boldsymbol{e}_1, \boldsymbol{e}_2, \boldsymbol{e}_3$ で生成される.

5.5　線形空間の基底と次元

線形空間 V のベクトルの組 $\{\boldsymbol{v}_1, \boldsymbol{v}_2, \cdots, \boldsymbol{v}_n\}$ が次の 2 つの条件をみたすとき, V の**基底**という.

---

(1) $\boldsymbol{v}_1, \boldsymbol{v}_2, \cdots, \boldsymbol{v}_n$ は 1 次独立である.

(2) $\boldsymbol{v}_1, \boldsymbol{v}_2, \cdots, \boldsymbol{v}_n$ で V は生成される.

$\{\boldsymbol{v}_1, \boldsymbol{v}_2, \cdots, \boldsymbol{v}_n\}$ が V の基底のとき, n を V の**次元**といい, $\dim V = n$ と表す.（スカラーの集合 K を明示するときは $\dim_K V = n$ と表す.）

例 5.11 $\mathbf{R}^3$ の基本ベクトル $\boldsymbol{e}_1 = \begin{pmatrix} 1 \\ 0 \\ 0 \end{pmatrix}$, $\boldsymbol{e}_2 = \begin{pmatrix} 0 \\ 1 \\ 0 \end{pmatrix}$, $\boldsymbol{e}_3 = \begin{pmatrix} 0 \\ 0 \\ 1 \end{pmatrix}$ は 1 次独立で, $\mathbf{R}^3$ を生成する. よって $\boldsymbol{e}_1, \boldsymbol{e}_2, \boldsymbol{e}_3$ は $\mathbf{R}^3$ の基底となり, **標準基底**とよばれる. これより, $\dim \mathbf{R}^3 = 3$. 同様にして, $\dim \mathbf{R}^n = n$.

問 5.3 $\mathbf{R}^3$ のベクトルの組 $\boldsymbol{v}_1 = \begin{pmatrix} 1 \\ 1 \\ -1 \end{pmatrix}$, $\boldsymbol{v}_2 = \begin{pmatrix} 1 \\ -1 \\ 1 \end{pmatrix}$, $\boldsymbol{v}_3 =$

$$\begin{pmatrix} -1 \\ 1 \\ 1 \end{pmatrix}$$ を考える.

(1) $\boldsymbol{v} = \begin{pmatrix} p \\ q \\ r \end{pmatrix}$ とする. x_1, x_2, x_3 に関する連立 1 次方程式

$$x_1\boldsymbol{v}_1 + x_2\boldsymbol{v}_2 + x_3\boldsymbol{v}_3 = \boldsymbol{v}$$

を解き, $\boldsymbol{v}$ を $\boldsymbol{v}_1, \boldsymbol{v}_2, \boldsymbol{v}_3$ の 1 次結合で表せ.

(2) $\{\boldsymbol{v}_1, \boldsymbol{v}_2, \boldsymbol{v}_3\}$ が 1 次独立であることを示せ.

(3) $\{\boldsymbol{v}_1, \boldsymbol{v}_2, \boldsymbol{v}_3\}$ が $\mathbf{R}^3$ を生成することを示せ.

5.6   内積

線形空間 $\mathbf{R}^n$ の 2 つのベクトル $\boldsymbol{a} = \begin{pmatrix} a_1 \\ \vdots \\ a_n \end{pmatrix}$, $\boldsymbol{b} = \begin{pmatrix} b_1 \\ \vdots \\ b_n \end{pmatrix}$ に対して,

$$\boldsymbol{a} \cdot \boldsymbol{b} = {}^t\boldsymbol{a}\boldsymbol{b} = a_1 b_1 + \cdots + a_n b_n$$

で定まる実数を $\boldsymbol{a}$ と $\boldsymbol{b}$ の**内積**という.

内積については次が成り立つ.

定理 5.2

(1) $\boldsymbol{a} \cdot \boldsymbol{b} = \boldsymbol{b} \cdot \boldsymbol{a}$

(2) $(\boldsymbol{a} + \boldsymbol{b}) \cdot \boldsymbol{c} = \boldsymbol{a} \cdot \boldsymbol{c} + \boldsymbol{b} \cdot \boldsymbol{c}$

(3) $(c\boldsymbol{a}) \cdot \boldsymbol{b} = \boldsymbol{a} \cdot (c\boldsymbol{b}) = c(\boldsymbol{a} \cdot \boldsymbol{b})$ $(c \in \mathbf{R})$

(4) $\boldsymbol{a} \cdot \boldsymbol{a} \geq 0$ であり, 等号成立は $\boldsymbol{a} = \boldsymbol{0}$ のときに限る.

より一般の線形空間 V に対しても, V の 2 つのベクトル $\boldsymbol{a}, \boldsymbol{b}$ に対して実数 $\boldsymbol{a} \cdot \boldsymbol{b}$ を対応させる規則が定理 5.2 の (1) から (4) をみたすとき, その規則を V

の**内積**とよび，V を**計量線形空間**という．

注意 5.3 ここでは実数値の内積を扱う．複素数値の内積は，上記 (1), (3) を次のように修正する必要がある．複素数 c に対して，$\bar{c}$ で c の複素共役を表す．

$(1)'$ $\boldsymbol{a} \cdot \boldsymbol{b} = \overline{\boldsymbol{b} \cdot \boldsymbol{a}}$

$(3)'$ $(c\boldsymbol{a}) \cdot \boldsymbol{b} = \bar{c}(\boldsymbol{a} \cdot \boldsymbol{b}), \quad \boldsymbol{a} \cdot (c\boldsymbol{b}) = c(\boldsymbol{a} \cdot \boldsymbol{b}) \quad (c \in \mathbf{C})$

例 5.12 空間ベクトル $\boldsymbol{a} = \begin{pmatrix} a_1 \\ a_2 \\ a_3 \end{pmatrix}$, $\boldsymbol{b} = \begin{pmatrix} b_1 \\ b_2 \\ b_3 \end{pmatrix}$ に対する内積を

$$\boldsymbol{a} \cdot \boldsymbol{b} = a_1 b_1 + a_2 b_2 + a_3 b_3 \tag{5.4}$$

と定義する．たとえば $\boldsymbol{a} = \begin{pmatrix} 1 \\ 2 \\ 1 \end{pmatrix}$, $\boldsymbol{b} = \begin{pmatrix} 3 \\ 4 \\ -2 \end{pmatrix}$ のとき，

$$\boldsymbol{a} \cdot \boldsymbol{b} = 1 \cdot 3 + 2 \cdot 4 + 1 \cdot (-2) = 9.$$

問 5.4 空間ベクトルの内積 (5.4) の場合に，定理 5.2 の (1) から (4) を確かめよ．

問 5.5 A を n 次正方行列とするとき，次が成り立つことを示せ．

$$(A\boldsymbol{a}) \cdot \boldsymbol{b} = \boldsymbol{a} \cdot ({}^t A \boldsymbol{b})$$

定義 5.1

$$\|\boldsymbol{a}\| = \sqrt{\boldsymbol{a} \cdot \boldsymbol{a}}$$

をベクトル $\boldsymbol{a}$ の**大きさ**または**長さ**という．

ベクトルの大きさについて，次の不等式が成り立つ．

> **定理 5.3**
>
> (1) $|\boldsymbol{a} \cdot \boldsymbol{b}| \le ||\boldsymbol{a}||\,||\boldsymbol{b}||$　（シュワルツの不等式）
>
> (2) $||\boldsymbol{a} + \boldsymbol{b}|| \le ||\boldsymbol{a}|| + ||\boldsymbol{b}||$　（**3 角不等式**）

証明 (1) $\boldsymbol{a} = \boldsymbol{0}$ のときは等号が成り立つから $\boldsymbol{a} \ne \boldsymbol{0}$ とする．任意の実数 t に対して，

$$0 \le ||t\boldsymbol{a} + \boldsymbol{b}||^2$$
$$= (t\boldsymbol{a} + \boldsymbol{b}) \cdot (t\boldsymbol{a} + \boldsymbol{b})$$
$$= t^2||\boldsymbol{a}||^2 + 2t\boldsymbol{a} \cdot \boldsymbol{b} + ||\boldsymbol{b}||^2$$

任意の実数 t に対してこの 2 次式は負でないから，その判別式を D とすると，

$$\frac{D}{4} = (\boldsymbol{a} \cdot \boldsymbol{b})^2 - ||\boldsymbol{a}||^2||\boldsymbol{b}||^2 \le 0$$

したがって，シュワルツの不等式が成り立つ．

(2) シュワルツの不等式に注意すると，

$$||\boldsymbol{a} + \boldsymbol{b}||^2 = (\boldsymbol{a} + \boldsymbol{b}) \cdot (\boldsymbol{a} + \boldsymbol{b})$$
$$= ||\boldsymbol{a}||^2 + 2\boldsymbol{a} \cdot \boldsymbol{b} + ||\boldsymbol{b}||^2$$
$$\le ||\boldsymbol{a}||^2 + 2||\boldsymbol{a}||\,||\boldsymbol{b}|| + ||\boldsymbol{b}||^2 = (||\boldsymbol{a}|| + ||\boldsymbol{b}||)^2$$

よって，3 角不等式が成り立つ．　　　　　　　　　　　　　□

問 5.6 空間ベクトル $\boldsymbol{a} = \begin{pmatrix} a_1 \\ a_2 \\ a_3 \end{pmatrix}$ と $\boldsymbol{b} = \begin{pmatrix} b_1 \\ b_2 \\ b_3 \end{pmatrix}$ のなす角を θ とするとき，

$$\boldsymbol{a} \cdot \boldsymbol{b} = ||\boldsymbol{a}||\,||\boldsymbol{b}|| \cos\theta$$

が成り立つことを示せ．（ヒント：余弦定理を用いる．）

定義 5.2　ベクトル a, b に対し,

$$a \cdot b = 0$$

のとき, a と b は**直交する**といい, $a \perp b$ で表す.

例 5.13　$a = \begin{pmatrix} 1 \\ 1 \end{pmatrix}$ と $b = \begin{pmatrix} -1 \\ 1 \end{pmatrix}$ は直交する :

$a \cdot b = 1 \cdot (-1) + 1 \cdot 1 = 0.$

5.7　正規直交基底

定義 5.3　n 次元計量線形空間（内積の定義された線形空間）V の基底 $\{u_1, u_2, \cdots, u_n\}$ がすべて単位ベクトルで, しかもどの 2 つも直交しているとき, すなわち

$$u_i \cdot u_j = \delta_{ij} = \begin{cases} 1 & (i = j) \\ 0 & (i \neq j) \end{cases}$$

が成り立つとき, $\{u_1, u_2, \cdots, u_n\}$ を**正規直交基底**という.

例 5.14　$\mathbf{R}^3$ の基本ベクトル $\{e_1, e_2, e_3\}$ は正規直交基底である.

　線形空間 V の与えられた 1 組の基底 $\{v_1, v_2, \cdots, v_n\}$ から, 以下のようにして V の正規直交基底を構成することができる. この方法を**グラム・シュミットの直交化法**という.

　まず, v_1 から, 次のようにして大きさ 1 のベクトルを作り, u_1 とする.

$$u_1 = \frac{1}{||v_1||} v_1$$

次に

$$u_2' = v_2 - (v_2 \cdot u_1) u_1$$

とおくと $u_2' \cdot u_1 = v_2 \cdot u_1 - (v_2 \cdot u_1) u_1 \cdot u_1 = 0$ より u_2' は u_1 と直交してい

るが，大きさが 1 とは限らないので $\boldsymbol{u}_2'$ の大きさを 1 にしたものを $\boldsymbol{u}_2$ とする．

$$\boldsymbol{u}_2 = \frac{1}{||\boldsymbol{u}_2'||}\boldsymbol{u}_2'$$

次に

$$\boldsymbol{u}_3' = \boldsymbol{v}_3 - (\boldsymbol{v}_3 \cdot \boldsymbol{u}_1)\boldsymbol{u}_1 - (\boldsymbol{v}_3 \cdot \boldsymbol{u}_2)\boldsymbol{u}_2$$

とおくと $\boldsymbol{u}_3'$ は $\boldsymbol{u}_1$ と $\boldsymbol{u}_2$ の両方に直交しているので，大きさを 1 にしたものを $\boldsymbol{u}_3$ とする．

$$\boldsymbol{u}_3 = \frac{1}{||\boldsymbol{u}_3'||}\boldsymbol{u}_3'$$

以下，この操作を繰り返す．すなわち，

$$\boldsymbol{u}_k' = \boldsymbol{v}_k - \sum_{i=1}^{k-1}(\boldsymbol{v}_k \cdot \boldsymbol{u}_i)\boldsymbol{u}_i, \quad \boldsymbol{u}_k = \frac{1}{||\boldsymbol{u}_k'||}\boldsymbol{u}_k' \quad (k=2,3,\cdots,n)$$

とおけば，$\{\boldsymbol{u}_1, \boldsymbol{u}_2, \cdots, \boldsymbol{u}_n\}$ は $\mathbf{R}^n$ の正規直交基底になる．

例 **5.15**　次の $\mathbf{R}^3$ の基底 $\boldsymbol{v}_1$, $\boldsymbol{v}_2$, $\boldsymbol{v}_3$ に対して，グラム・シュミットの直交化法を行い，正規直交基底を求めよ．

$$\boldsymbol{v}_1 = \begin{pmatrix} 0 \\ 1 \\ 1 \end{pmatrix}, \ \boldsymbol{v}_2 = \begin{pmatrix} -1 \\ 0 \\ 1 \end{pmatrix}, \ \boldsymbol{v}_3 = \begin{pmatrix} 1 \\ 1 \\ 1 \end{pmatrix}.$$

解答 5.3

$$\boldsymbol{u}_1 = \frac{1}{||\boldsymbol{v}_1||}\boldsymbol{v}_1 = \frac{1}{\sqrt{2}}\begin{pmatrix} 0 \\ 1 \\ 1 \end{pmatrix},$$

$$\boldsymbol{u}_2' = \boldsymbol{v}_2 - (\boldsymbol{v}_2 \cdot \boldsymbol{u}_1)\boldsymbol{u}_1 = \begin{pmatrix} -1 \\ 0 \\ 1 \end{pmatrix} - \frac{1}{\sqrt{2}}\frac{1}{\sqrt{2}}\begin{pmatrix} 0 \\ 1 \\ 1 \end{pmatrix} = \begin{pmatrix} -1 \\ -1/2 \\ 1/2 \end{pmatrix}.$$

よって，$\boldsymbol{u}_2 = \dfrac{1}{\|\boldsymbol{u}_2'\|}\boldsymbol{u}_2' = \dfrac{1}{\sqrt{6}}\begin{pmatrix} -2 \\ -1 \\ 1 \end{pmatrix}$.

$$
\begin{aligned}
\boldsymbol{u}_3' &= \boldsymbol{v}_3 - (\boldsymbol{v}_3 \cdot \boldsymbol{u}_1)\boldsymbol{u}_1 - (\boldsymbol{v}_3 \cdot \boldsymbol{u}_2)\boldsymbol{u}_2 \\
&= \begin{pmatrix} 1 \\ 1 \\ 1 \end{pmatrix} - \frac{2}{\sqrt{2}}\frac{1}{\sqrt{2}}\begin{pmatrix} 0 \\ 1 \\ 1 \end{pmatrix} - \frac{-2}{\sqrt{6}}\frac{1}{\sqrt{6}}\begin{pmatrix} -2 \\ -1 \\ 1 \end{pmatrix} = \begin{pmatrix} 1/3 \\ -1/3 \\ 1/3 \end{pmatrix}.
\end{aligned}
$$

よって，$\boldsymbol{u}_3 = \dfrac{1}{\|\boldsymbol{u}_3'\|}\boldsymbol{u}_3' = \dfrac{1}{\sqrt{3}}\begin{pmatrix} 1 \\ -1 \\ 1 \end{pmatrix}$.

この $\{\boldsymbol{u}_1, \boldsymbol{u}_2, \boldsymbol{u}_3\}$ は $\mathbf{R}^3$ の正規直交基底である．　　　　□

問 5.7　次の $\mathbf{R}^3$ の基底 $\boldsymbol{v}_1$，$\boldsymbol{v}_2$，$\boldsymbol{v}_3$ に対して，グラム・シュミットの直交化法を行い，正規直交基底を求めよ．

(1) $\boldsymbol{v}_1 = \begin{pmatrix} 1 \\ -1 \\ 0 \end{pmatrix}$，$\boldsymbol{v}_2 = \begin{pmatrix} 1 \\ 3 \\ -1 \end{pmatrix}$，$\boldsymbol{v}_3 = \begin{pmatrix} 1 \\ -1 \\ 3 \end{pmatrix}$

(2) $\boldsymbol{v}_1 = \begin{pmatrix} 1 \\ 2 \\ 2 \end{pmatrix}$，$\boldsymbol{v}_2 = \begin{pmatrix} 1 \\ 0 \\ 1 \end{pmatrix}$，$\boldsymbol{v}_3 = \begin{pmatrix} 2 \\ 1 \\ 0 \end{pmatrix}$

5.8　空間ベクトルの外積

空間ベクトル　$\boldsymbol{a} = \begin{pmatrix} a_1 \\ a_2 \\ a_3 \end{pmatrix}$，$\boldsymbol{b} = \begin{pmatrix} b_1 \\ b_2 \\ b_3 \end{pmatrix}$ に対し，

$$\boldsymbol{a} \times \boldsymbol{b} = (a_2 b_3 - a_3 b_2,\ a_3 b_1 - a_1 b_3,\ a_1 b_2 - a_2 b_1)$$

で定まるベクトルを a と b の**外積**または**ベクトル積**という.

基本ベクトル $e_1 = \begin{pmatrix} 1 \\ 0 \\ 0 \end{pmatrix}, e_2 = \begin{pmatrix} 0 \\ 1 \\ 0 \end{pmatrix}, e_3 = \begin{pmatrix} 0 \\ 0 \\ 1 \end{pmatrix}$ を用いると, $a \times b$

は次のようにも書ける.

$$a \times b = \begin{vmatrix} e_1 & e_2 & e_3 \\ a_1 & a_2 & a_3 \\ b_1 & b_2 & b_3 \end{vmatrix}$$

問 5.8 次の関係を示せ.

(1) $b \times a = -a \times b$

(2) $e_1 \times e_2 = e_3, \quad e_2 \times e_3 = e_1, \quad e_3 \times e_1 = e_2$

次の定理は, 外積ベクトルの幾何学的な意味を表す.

定理 5.4 1次独立な空間ベクトル a, b に対して,

(1) $a \perp (a \times b), \quad b \perp (a \times b)$

(2) a と b のなす角を θ とするとき,

$$\|a \times b\| = \|a\|\,\|b\|\sin\theta$$

すなわち, $a \times b$ の大きさは a と b の作る平行四辺形の面積に等しい.

証明 (1) は内積を計算すると 0 になることからわかる. (2) については, 恒等式

$$(a_2 b_3 - a_3 b_2)^2 + (a_3 b_1 - a_1 b_3)^2 + (a_1 b_2 - a_2 b_1)^2 \tag{5.5}$$
$$= (a_1{}^2 + a_2{}^2 + a_3{}^2)(b_1{}^2 + b_2{}^2 + b_3{}^2) - (a_1 b_1 + a_2 b_2 + a_3 b_3)^2$$

より,

$$\|a \times b\|^2 = \|a\|^2\,\|b\|^2 - (a \cdot b)^2 = \|a\|^2\,\|b\|^2(1 - \cos^2\theta) = \|a\|^2\,\|b\|^2\sin^2\theta.$$

□

スカラー 3 重積

a, b, c に対して，$(a \times b) \cdot c$ を a, b, c の**スカラー 3 重積**といい，$|abc|$ で表す．スカラー 3 重積は 3 次の行列式に一致する．すなわち，次が成り立つ．

$$|abc| = (a \times b) \cdot c = \det(abc)$$

例 5.16　a, b, c から作られる平行六面体の体積を V とすると，

$$V = |(a \times b) \cdot c| = |\det(abc)|$$

である．

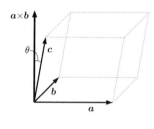

図 5.3

解答 5.4　$a \times b$ と c のなす角を θ とし，a と b で作られる平行四辺形をこの立体の底面とみる．この底面の面積を S とすれば，この立体の体積は

$$V = S \, ||c|| \, |\cos\theta|$$

であり，$S = ||a \times b||$ であるから，

$$V = ||a \times b|| \, ||c|| \, |\cos\theta| = |(a \times b) \cdot c| \qquad\qquad \Box$$

5.9　線形写像

5.9.1　写像

X, Y を集合とし，f を X から Y への写像とする．$f(X) = \operatorname{Im} f = \{f(x)| \, x \in X\}$ を f による X の**像**という．一般には $f(X) \subset Y$ である．

写像 f が**全射**とは，$f(X) = Y$ となることをいう．

また，写像 f が**単射**または**1 対 1**であるとは，X の任意の元 x_1, x_2 に対して，

$$f(x_1) = f(x_2) \ \Rightarrow \ x_1 = x_2$$

であることをいう．全射かつ単射であるとき**全単射**という．

5.9.2 線形写像の定義

V, W を線形空間とする．V から W への写像 $f : V \to W$ が，V の任意の
ベクトル $\boldsymbol{a}, \boldsymbol{b}$ とスカラー c に対して，**線形性**

$$
f(\boldsymbol{a} + \boldsymbol{b}) = f(\boldsymbol{a}) + f(\boldsymbol{b})
$$
$$
f(c\boldsymbol{a}) = cf(\boldsymbol{a})
$$

をみたすとき，f を V から W への**線形写像**という．$V = W$ のとき，f を V
上の**線形変換**または**1次変換**という．すべての $\boldsymbol{a} \in V$ に対して $f(\boldsymbol{a}) = \boldsymbol{a}$ とな
る f を V 上の**恒等変換**といい，1_V で表す．

> **例 5.17** $f(x) = 2x$ で定義される写像 $f : \mathbf{R} \to \mathbf{R}$ は線形写像である．し
> かし，$f(x) = 2x + 1$ で定義される写像 $f : \mathbf{R} \to \mathbf{R}$ は線形写像ではない．
> このように，線形性は比例関係 $y = ax$ の一般化である．

5.9.3 平面上の線形変換

この節では平面 $\mathbf{R}^2$ 上の線形変換に焦点を絞って説明する．$\mathbf{R}^2$ の基本ベクト
ル $\boldsymbol{e}_1, \boldsymbol{e}_2$ を用いると，ベクトル $\boldsymbol{x} = \begin{pmatrix} x \\ y \end{pmatrix} = x\boldsymbol{e}_1 + y\boldsymbol{e}_2$ を $\boldsymbol{x}' = x'\boldsymbol{e}_1 + y'\boldsymbol{e}_2$
に移す線形変換 f は，$f(\boldsymbol{e}_1) = \boldsymbol{v}_1 = \begin{pmatrix} a \\ c \end{pmatrix}$，　$f(\boldsymbol{e}_2) = \boldsymbol{v}_2 = \begin{pmatrix} b \\ d \end{pmatrix}$ とお
くと，

$$
f(x\boldsymbol{e}_1 + y\boldsymbol{e}_2) = xf(\boldsymbol{e}_1) + yf(\boldsymbol{e}_2) = x\begin{pmatrix} a \\ c \end{pmatrix} + y\begin{pmatrix} b \\ d \end{pmatrix} = \begin{pmatrix} a & b \\ c & d \end{pmatrix}\begin{pmatrix} x \\ y \end{pmatrix}
$$

と書けることがわかる．この行列 $\begin{pmatrix} a & b \\ c & d \end{pmatrix}$ を**線形変換 f を表す行列**とよぶ．

例 **5.18**　平面 $\mathbf{R}^2$ の点 $\begin{pmatrix} x \\ y \end{pmatrix}$ を x 軸対称な点 $\begin{pmatrix} x' \\ y' \end{pmatrix}$ に移す変換は

$$\begin{pmatrix} x' \\ y' \end{pmatrix} = \begin{pmatrix} x \\ -y \end{pmatrix} = \begin{pmatrix} 1 & 0 \\ 0 & -1 \end{pmatrix} \begin{pmatrix} x \\ y \end{pmatrix}$$

であるから，この変換は線形変換であり，それを表す行列は $\begin{pmatrix} 1 & 0 \\ 0 & -1 \end{pmatrix}$ である．

　平面 $\mathbf{R}^2$ において，$\boldsymbol{e}_1$ から見て $\boldsymbol{e}_2$ は，反時計まわりに $\pi/2$ 回転した位置にある．$f(\boldsymbol{e}_1) = \boldsymbol{v}_1, f(\boldsymbol{e}_2) = \boldsymbol{v}_2$ のとき，もし $\boldsymbol{v}_1$ から見て $\boldsymbol{v}_2$ が時計まわりの位置にある場合，線形変換 f によって平面 $\mathbf{R}^2$ の表裏が逆転する．例 5.18 がその例である．このとき，線形変換を表す行列の行列式は負となっている．

問 5.9　平面 $\mathbf{R}^2$ の点を直線 $y = x$ に関して対称な点に移す変換が線形変換であることを示し，それを表す行列とその行列式を求めよ．

例 **5.19**　平面 $\mathbf{R}^2$ の原点を中心に θ だけ回転させる変換は，

$$\begin{pmatrix} x' \\ y' \end{pmatrix} = \begin{pmatrix} \cos\theta & -\sin\theta \\ \sin\theta & \cos\theta \end{pmatrix} \begin{pmatrix} x \\ y \end{pmatrix}$$

であるから，この変換は線形変換であり，それを表す行列は $\begin{pmatrix} \cos\theta & -\sin\theta \\ \sin\theta & \cos\theta \end{pmatrix}$ である．この行列の行列式は $\cos^2\theta + \sin^2\theta = 1$ で正であり，確かに回転では平面の表裏が変わらないことと合っている．

注意 5.4　例 5.18 と例 5.19 の行列はともに**直交行列**である．直交行列の行列式は 1 か -1 のどちらかである．

5.9.4　線形写像の核と像

線形写像 $f\colon V \to W$ に対し,

$$\mathrm{Ker}\, f = \{\,\boldsymbol{x} \in V \mid f(\boldsymbol{x}) = \boldsymbol{0}\,\} \qquad \text{を } f \text{ の核 (kernel),}$$

$$\mathrm{Im}\, f = \{\,f(\boldsymbol{x}) \in W \mid \boldsymbol{x} \in V\,\} \qquad \text{を } f \text{ の像 (image)}$$

という. $\mathrm{Ker}\, f$ は V の部分空間, $\mathrm{Im}\, f$ は W の部分空間となる.

定理 5.5　線形写像 $f\colon V \to W$ に対し,

$$f \text{ が単射} \quad \Leftrightarrow \quad \mathrm{Ker}\, f = \{\boldsymbol{0}\}$$

問 5.10　定理 5.5 を示せ.

例 5.20　$m \times n$ 行列 A を

$$A = (\boldsymbol{a}_1, \boldsymbol{a}_2, \cdots, \boldsymbol{a}_n) \quad (\boldsymbol{a}_j \text{ は列ベクトル, } j = 1, 2, \cdots, n)$$

と表し, $\boldsymbol{x} = \begin{pmatrix} x_1 \\ x_2 \\ \vdots \\ x_n \end{pmatrix}$ に対して, 線形写像 f_A を

$$f_A(\boldsymbol{x}) = A\boldsymbol{x} = x_1\boldsymbol{a}_1 + x_2\boldsymbol{a}_2 + \cdots x_n\boldsymbol{a}_n$$

と定める. この線形写像 f_A の像 $\mathrm{Im}\, f_A$ を $\mathrm{Im}\, A$ とも表すことにする. このとき,

$$\mathrm{Im}\, A = \{x_1\boldsymbol{a}_1 + x_2\boldsymbol{a}_2 + \cdots x_n\boldsymbol{a}_n\} = \langle \boldsymbol{a}_1, \boldsymbol{a}_2, \cdots, \boldsymbol{a}_n \rangle$$

であり, $\boldsymbol{a}_1, \boldsymbol{a}_2, \cdots, \boldsymbol{a}_n$ の中で 1 次独立なものは最大 $\mathrm{rank}\, A$ 個で, それらが $\mathrm{Im}\, A$ の基底となるので,

$$\mathrm{rank}\, A = \dim(\mathrm{Im}\, A)$$

が成り立つ.

　ここで次の定理を述べておく．証明は本書では割愛するが，この定理の内容は，連立 1 次方程式との関係を通じて理解してもらいたい．

定理 5.6 (次元定理)

線形写像 $f : V \to W$ に対し，V が有限次元のとき，次が成り立つ．

$$\dim V = \dim(\mathrm{Ker}\, f) + \dim(\mathrm{Im}\, f)$$

連立 1 次方程式と次元定理の関係

　今まで学んできたことは以下のようにまとめられる．

　$m \times n$ 行列 A を係数行列とする連立 1 次方程式 $A\boldsymbol{x} = \boldsymbol{b}$ を，線形写像 $f_A : \mathbf{R}^n \to \mathbf{R}^m$，$f_A(\boldsymbol{x}) = A\boldsymbol{x}$ を用いて

$$f_A : \mathbf{R}^n \ni \boldsymbol{x} \mapsto \boldsymbol{b} \in \mathbf{R}^m$$

と考えたとき，

$$\mathrm{Ker}\, f_A = \text{連立 1 次方程式 } A\boldsymbol{x} = \boldsymbol{0} \text{ の解全体,}$$

$$\mathrm{Im}\, f_A = \text{行列 } A \text{ の列ベクトルで張られる空間}$$

であるので，

$\dim(\mathrm{Ker}\, f_A) = $ 解に含まれる任意定数の個数（解の自由度），

$\dim(\mathrm{Im}\, f_A) = $ 行列 A の列ベクトルで 1 次独立なものの最大個数 $= \mathrm{rank}\, A$

が成り立ち，$\dim(\mathbf{R}^n) = n = $ 未知数の個数であるので，上の次元定理は

　　　未知数の個数 $=$ 解に含まれる任意定数の個数 $+ \mathrm{rank} A$

を表す．

　また，連立 1 次方程式 $A\boldsymbol{x} = \boldsymbol{b}$ が解をもつとは，与えられた $\boldsymbol{b}$ に対して，$f_A(\boldsymbol{x}) = \boldsymbol{b}$ となる $\boldsymbol{x}$ が存在することであるから，$\boldsymbol{b} \in \mathrm{Im}\, f_A$ が解をもつための必要十分条件である．

　ここで，同次連立 1 次方程式の解を用いて，一般の（非同次）連立 1 次方程式の解を求める方法を述べる．これは線形微分方程式，線形差分方程式（数列

の漸化式）などの解法にもつながる重要なものである．

まず，$\operatorname{rank}\tilde{A} = \operatorname{rank}A = r$ のとき，$Ax = b$ の任意の解は一般に $n - r$ 個の任意定数を含むのであった．このような解を**一般解**とよぶ．これに対し，$Ax = b$ の 1 つの解を**特解**という．

定理 5.7　$Ax = b$ の 1 つの解を x_0，一般解を x とする．$Ax = 0$ の一般解を y とすれば，x は

$$x = x_0 + y$$

で与えられる．つまり，

　　　　"非同次の一般解 = 非同次の特解 + 同次の一般解"

が成り立つ．

証明　$Ax = b$ の一般解 x（任意定数を $n - r$ 個を含む）と特解 x_0 の差を $y = x - x_0$ とおくと，

$$Ay = A(x - x_0) = Ax - Ax_0 = b - b = 0$$

より y は同次方程式 $Ax = 0$ の解で任意定数を $n - r$ 個を含むので一般解である．よって $Ax = b$ の一般解 x が $x = x_0 + y$ の形で表された．　　　　□

問 5.11　$A = \begin{pmatrix} 2 & -1 \\ -4 & 2 \end{pmatrix}$，$x = \begin{pmatrix} x_1 \\ x_2 \end{pmatrix}$，$b = \begin{pmatrix} 2 \\ -4 \end{pmatrix}$，

$b_1 = \begin{pmatrix} -3 \\ 6 \end{pmatrix}$，$b_2 = \begin{pmatrix} 1 \\ 1 \end{pmatrix}$ とする．連立 1 次方程式 $Ax = b$ に関して，次の問に答えよ．

(1) $\operatorname{rank}A$ を求めよ．

(2) 連立 1 次方程式 $Ax = 0$ を解け．

(3) 線形写像 $f_A : \mathbf{R}^2 \to \mathbf{R}^2$ を $f_A(x) = Ax$ とするとき，$\operatorname{Ker} f_A, \operatorname{Im} f_A$ を求めよ．

(4) $Ax = b$ の 1 つの解を見つけて，(2) の結果と合わせて $Ax = b$ を解け．

(5) 連立 1 次方程式 $Ax = b_1, Ax = b_2$ は解をもつかどうか，それぞれ調べよ．

問 5.12 $A = \begin{pmatrix} 1 & 2 & 3 \\ 4 & 5 & 6 \\ 7 & 8 & 9 \end{pmatrix}$, $\boldsymbol{x} = \begin{pmatrix} x_1 \\ x_2 \\ x_3 \end{pmatrix}$, $\boldsymbol{b} = \begin{pmatrix} 1 \\ 4 \\ 7 \end{pmatrix}$,

$\boldsymbol{b_1} = \begin{pmatrix} 1 \\ 0 \\ -1 \end{pmatrix}$, $\boldsymbol{b_2} = \begin{pmatrix} 1 \\ 1 \\ 0 \end{pmatrix}$ とし，連立 1 次方程式 $A\boldsymbol{x} = \boldsymbol{b}$ に関して，

次の問に答えよ.

(1) rank A を求めよ.

(2) 連立 1 次方程式 $A\boldsymbol{x} = \boldsymbol{0}$ を解け.

(3) 線形写像 $f_A : \mathbf{R}^3 \to \mathbf{R}^3$ を $f_A(\boldsymbol{x}) = A\boldsymbol{x}$ とするとき，$\mathrm{Ker}\, f_A$, $\mathrm{Im}\, f_A$ を求めよ.

(4) $A\boldsymbol{x} = \boldsymbol{b}$ の 1 つの解を見つけて，(2) の結果と合わせて $A\boldsymbol{x} = \boldsymbol{b}$ を解け.

(5) 連立 1 次方程式 $A\boldsymbol{x} = \boldsymbol{b_1}$, $A\boldsymbol{x} = \boldsymbol{b_2}$ は解をもつかどうか，それぞれ調べよ.

5.10 表現行列

$f(\begin{pmatrix} x_1 \\ x_2 \\ x_3 \end{pmatrix}) = \begin{pmatrix} x_1 + 2x_2 - 3x_3 \\ 3x_1 + x_3 \end{pmatrix}$ で表される線形写像 $f : \mathbf{R}^3 \to \mathbf{R}^2$ を

行列を用いて表せば，

$$f(\begin{pmatrix} x_1 \\ x_2 \\ x_3 \end{pmatrix}) = \begin{pmatrix} 1 & 2 & -3 \\ 3 & 0 & 1 \end{pmatrix} \begin{pmatrix} x_1 \\ x_2 \\ x_3 \end{pmatrix}$$

となる．この行列 $A = \begin{pmatrix} 1 & 2 & -3 \\ 3 & 0 & 1 \end{pmatrix}$ を f の**表現行列**という.

表現行列は「線形写像」という抽象的なものを，線形空間に基底を決める
ことで，具体的な「行列」で表そう，という考え方である．

例 5.21 2次以下の多項式全体を $\mathbf{R}[x]_2$ とする．微分する操作 $\dfrac{d}{dx}$ は $\mathbf{R}[x]_2$ から $\mathbf{R}[x]_2$ への線形変換である．$\mathbf{R}[x]_2$ の基底として $\{1, x, x^2\}$ を選んだとき，この基底に関する $\dfrac{d}{dx}$ の表現行列 A を求めてみよう．

$$\frac{d}{dx}1 = 0, \quad \frac{d}{dx}x = 1, \quad \frac{d}{dx}x^2 = 2x$$

であるから，これらを横に並べて，

$$\frac{d}{dx}(1, x, x^2) = (0, 1, 2x) = (1, x, x^2)\begin{pmatrix} 0 & 1 & 0 \\ 0 & 0 & 2 \\ 0 & 0 & 0 \end{pmatrix}$$

と表したときの　$A = \begin{pmatrix} 0 & 1 & 0 \\ 0 & 0 & 2 \\ 0 & 0 & 0 \end{pmatrix}$　が表現行列である．これにより，

たとえば，2次の多項式を3回微分したら0ということが，行列の計算

$$A^3 = \begin{pmatrix} 0 & 1 & 0 \\ 0 & 0 & 2 \\ 0 & 0 & 0 \end{pmatrix}^3 = O$$

に対応している．

定義 5.4　$\{\boldsymbol{v}_1, \cdots, \boldsymbol{v}_n\}$, $\{\boldsymbol{w}_1, \cdots, \boldsymbol{w}_m\}$ をそれぞれ V の基底，W の基底とする．線形写像 $f : V \to W$ が m 行 n 列の行列 A を用いて

$$(f(\boldsymbol{v}_1), \cdots, f(\boldsymbol{v_n})) = (\boldsymbol{w}_1, \cdots, \boldsymbol{w}_m)A$$

と表されるとき，A を基底 $\{\boldsymbol{v}_1, \cdots, \boldsymbol{v}_n\}$, $\{\boldsymbol{w}_1, \cdots, \boldsymbol{w}_m\}$ に関する f の**表現行列**という．特に，$V = \mathbf{R}^n$, $W = \mathbf{R}^m$ で基底がともに標準基底のとき，単に f の表現行列という．

V の元 $\boldsymbol{x}$ を, $\boldsymbol{x} = x_1\boldsymbol{v}_1 + \cdots + x_n\boldsymbol{v}_n = (\boldsymbol{v}_1, \cdots, \boldsymbol{v}_n)\begin{pmatrix} x_1 \\ \vdots \\ x_n \end{pmatrix}$ と表示した

とき,

$$f(\boldsymbol{x}) = x_1 f(\boldsymbol{v}_1) + \cdots + x_n f(\boldsymbol{v}_n)$$

$$= (f(\boldsymbol{v}_1), \cdots, f(\boldsymbol{v}_n))\begin{pmatrix} x_1 \\ \vdots \\ x_n \end{pmatrix} = (\boldsymbol{w}_1, \cdots, \boldsymbol{w}_m)A\begin{pmatrix} x_1 \\ \vdots \\ x_n \end{pmatrix}$$

と表される. 特に, $V = \mathbf{R}^n$, $W = \mathbf{R}^m$ で, 基底がともに標準基底のときは

$$f(\begin{pmatrix} x_1 \\ \vdots \\ x_n \end{pmatrix}) = A\begin{pmatrix} x_1 \\ \vdots \\ x_n \end{pmatrix}$$ と表される.

基底の変換

同じ f でも V, W の基底を取りかえれば, 一般には表現行列は変わる.

> **定理 5.8**　n 次正則行列 P, m 次正則行列 Q によって基底を $(\boldsymbol{v}_1', \cdots, \boldsymbol{v}_n') = (\boldsymbol{v}_1, \cdots, \boldsymbol{v}_n)P$, $(\boldsymbol{w}_1', \cdots, \boldsymbol{w}_m') = (\boldsymbol{w}_1, \cdots, \boldsymbol{w}_m)Q$ と変換したとき,
> $$(f(\boldsymbol{v}_1'), \cdots, f(\boldsymbol{v}_n')) = (\boldsymbol{w}_1', \cdots, \boldsymbol{w}_m')Q^{-1}AP$$

この定理の内容を以下の問題で確認してほしい.

問 5.13　$\mathbf{R}^2$ の標準基底を $\boldsymbol{e}_1, \boldsymbol{e}_2$, 別の基底を $\boldsymbol{w}_1' = \begin{pmatrix} 2 \\ 1 \end{pmatrix}$, $\boldsymbol{w}_2' = \begin{pmatrix} 1 \\ 2 \end{pmatrix}$ とし, 線形写像 $f : \mathbf{R}^2 \to \mathbf{R}^2$, $f(\begin{pmatrix} x_1 \\ x_2 \end{pmatrix}) = \begin{pmatrix} 3x_1 + 7x_2 \\ 3x_1 + 8x_2 \end{pmatrix}$ を考える.

(1) 線形写像 f の (標準基底に関する) 表現行列 A を求めよ.

(2) $f(e_1) = \begin{pmatrix} 3 \\ 3 \end{pmatrix}$, $f(e_2) = \begin{pmatrix} 7 \\ 8 \end{pmatrix}$ をそれぞれ w_1', w_2' の 1 次結合で表せ.

(3) 線形写像 f の, 基底 $\{e_1, e_2\}$, $\{w_1', w_2'\}$ に関する表現行列 B を求めよ.

(4) 定理 5.8 において, $v_1 = v_1' = w_1 = e_1$, $v_2 = v_2' = w_2 = e_2$ と考える. このとき $P = E$ (単位行列) である. $(w_1', w_2') = (e_1, e_2)Q$ をみたす Q を求め, $B = Q^{-1}AP$ を確かめよ.

5.11 直交変換

> **定義 5.5** 計量線形空間 V の変換 $f : V \to V$ が, 任意の $x, y \in V$ に対して,
>
> $$f(x) \cdot f(y) = x \cdot y \qquad (f \text{ は内積を不変にするという})$$
>
> をみたすとき, f を**直交変換**という.

直交変換は線形変換であり, ベクトルの大きさやなす角を変えない. また, 直交変換の表現行列は**直交行列** (つまり ${}^t\!PP = P{}^t\!P = E$ をみたす行列 P) となる.

注意 5.5 直交変換の条件は $f(x) \cdot f(x) = x \cdot x$ でもよい ($x \cdot y = \dfrac{1}{2}\{(x + y) \cdot (x + y) - x \cdot x - y \cdot y\}$ を用いよ).

問 5.14 計量線形空間 V において, ベクトル $a \neq 0$ に対し,
$$T(x) = x - \frac{2(x \cdot a)}{(a \cdot a)}a$$
とおく.

(1) $T : V \to V$ は直交変換, つまり $T(x) \cdot T(x) = x \cdot x$ を示せ.

(この直交変換 T は, 原点を通り法線ベクトル a の「平面」 $a \cdot x = 0$ に

関する折り返しである.)

(2)　$V = \mathbf{R}^2$,　$\boldsymbol{x} = \begin{pmatrix} x \\ y \end{pmatrix}$,　$\boldsymbol{a} = \begin{pmatrix} t \\ -1 \end{pmatrix}$　$(t = \tan \frac{\theta}{2})$　とする.　直交変換 T の表現行列 P を求めよ.

────────────**5章の演習問題**────────────

5.1　次の W は線形空間 $\mathbf{R}^3$ の部分空間かどうか調べよ.

(1)　$W = \left\{ \begin{pmatrix} x \\ y \\ z \end{pmatrix} \in \mathbf{R}^3 \,\middle|\, y - z = 0 \right\}$

(2)　$W = \left\{ \begin{pmatrix} x \\ y \\ z \end{pmatrix} \in \mathbf{R}^3 \,\middle|\, y - z \geq 0 \right\}$

(3)　$W = \left\{ \begin{pmatrix} x \\ y \\ z \end{pmatrix} \in \mathbf{R}^3 \,\middle|\, \begin{array}{l} x + y - z = 0 \\ 3x + y + 2z = 0 \end{array} \right\}$

(4)　$W = \left\{ \begin{pmatrix} x \\ y \\ z \end{pmatrix} \in \mathbf{R}^3 \,\middle|\, \begin{array}{l} x + y - z = 1 \\ 3x + y + 2z = 0 \end{array} \right\}$

(5)　$W = \left\{ \boldsymbol{x} = \begin{pmatrix} x \\ y \\ z \end{pmatrix} \in \mathbf{R}^3 \,\middle|\, A\boldsymbol{x} = \boldsymbol{0} \quad (A は m 行 3 列の行列) \right\}$

5.2　2次以下の多項式全体を $\mathbf{R}[x]_2$ とする. 次の W は線形空間 $\mathbf{R}[x]_2$ の部分空間かどうか調べよ.

(1)　$W = \{ f(x) \in \mathbf{R}[x]_2 \mid f(1) = 0,\ f(-1) = 0 \}$

(2)　$W = \{ f(x) \in \mathbf{R}[x]_2 \mid f(1) = 1 \}$

(3)　$W = \{ f(x) \in \mathbf{R}[x]_2 \mid xf'(x) = 2f(x) \}$

5.3　次のベクトルの組は1次独立であるかどうか調べよ.

(1)　$\boldsymbol{a} = \begin{pmatrix} 1 \\ -1 \\ 1 \end{pmatrix}$,　$\boldsymbol{b} = \begin{pmatrix} 2 \\ 3 \\ 4 \end{pmatrix}$,　$\boldsymbol{c} = \begin{pmatrix} -3 \\ 2 \\ -1 \end{pmatrix}$

(2)　$\boldsymbol{a} = \begin{pmatrix} 1 \\ 0 \\ 0 \end{pmatrix}$,　$\boldsymbol{b} = \begin{pmatrix} 3 \\ 1 \\ 2 \end{pmatrix}$,　$\boldsymbol{c} = \begin{pmatrix} -1 \\ 2 \\ 4 \end{pmatrix}$

(3)　$f_1(x) = x^2 - x + 1$,　$f_2(x) = 2x^2 + 3x + 4$,　$f_3(x) = -3x^2 + 2x - 1$

(4)　$f_1(x) = x^2$,　$f_2(x) = 3x^2 + x + 2$,　$f_3(x) = -x^2 + 2x + 4$

5.4　次のベクトルの 1 次独立な最大個数 r と，r 個の 1 次独立なベクトルを 1 組求め，他のベクトルをそれらの 1 次結合で表せ．

$$\boldsymbol{a}_1 = \begin{pmatrix} 1 \\ 1 \\ 3 \\ 0 \end{pmatrix}, \quad \boldsymbol{a}_2 = \begin{pmatrix} 1 \\ 2 \\ 0 \\ -1 \end{pmatrix}, \quad \boldsymbol{a}_3 = \begin{pmatrix} 1 \\ 3 \\ -3 \\ -2 \end{pmatrix}, \quad \boldsymbol{a}_4 = \begin{pmatrix} 1 \\ 0 \\ 6 \\ 1 \end{pmatrix}$$

5.5　2 次以下の多項式全体を $\mathbf{R}[x]_2$ とする．

(1)　微分する操作 $\dfrac{d}{dx}$ は $\mathbf{R}[x]_2$ から $\mathbf{R}[x]_2$ への線形変換である．$\mathbf{R}[x]_2$ の基底として $\left\{ 1, x, \dfrac{x^2}{2!} \right\}$ を選んだとき，この基底に関する $\dfrac{d}{dx}$ の表現行列 A を求めよ．

(2)　基底 $\{ 1, x - 1, (x - 1)^2 \}$ に関する $\dfrac{d}{dx}$ の表現行列 B を求めよ．

(3)　3 次正方行列 P によって，基底を $(1, x - 1, (x - 1)^2) = \left(1, x, \dfrac{x^2}{2!} \right) P$ と変換したとき，$B = P^{-1}AP$ が成り立っていることを示せ．

5.6　次のベクトル空間の基底を 1 組求めよ．また，次元も求めよ．

(1)　$W_1 = \left\{ \begin{pmatrix} x \\ y \\ z \end{pmatrix} \in \mathbf{R}^3 \middle| \ x + y + z = 0 \right\}$

(2)　$W_2 = \left\{ \begin{pmatrix} x \\ y \\ z \end{pmatrix} \in \mathbf{R}^3 \middle| \ \begin{matrix} x + y - z = 0 \\ 3x + y + 2z = 0 \end{matrix} \right\}$

(3)　$M(2, \mathbf{R}) = \left\{ A = \begin{pmatrix} a & b \\ c & d \end{pmatrix} \middle| a, b, c, d \in \mathbf{R} \right\}$　2 次正方行列全体

(4)　$S(2, \mathbf{R}) = \{ A \in M(2, \mathbf{R}) | \ {}^t A = A \} = \left\{ A = \begin{pmatrix} a & b \\ b & c \end{pmatrix} \middle| a, b, c \in \mathbf{R} \right\}$

2 次対称行列全体

(5) $sl(2, \mathbf{R}) = \{ A \in M(2, \mathbf{R}) |\ \mathrm{Tr}\, A = 0\ \} = \left\{ A = \begin{pmatrix} a & b \\ c & -a \end{pmatrix} \middle| a, b, c \in \mathbf{R} \right\}$

トレースが 0 の行列全体

定義：微分可能な関数の組 $f_1(x), f_2(x), \cdots, f_n(x)$ に対し，行列式

$$W(f_1, f_2, \cdots, f_n) = \begin{vmatrix} f_1 & f_2 & \cdots & f_n \\ f_1' & f_2' & \cdots & f_n' \\ \vdots & \vdots & \ddots & \vdots \\ f_1^{(n-1)} & f_2^{(n-1)} & \cdots & f_n^{(n-1)} \end{vmatrix}$$

をロンスキー行列式 (Wronskian) という．$W(f_1, f_2, \cdots, f_n)$ が恒等的に 0 でなければ $f_1, f_2, \cdots, f_n$ は 1 次独立であるので，関数の組の 1 次独立性を調べるときなどに用いられる．

5.7　次の関数の組のロンスキー行列式を計算し，1 次独立かどうか調べよ．

(1) $e^{2x},\ e^{3x}$

(2) $\cos x,\ \sin x$

(3) $e^x,\ xe^x,\ e^{2x}$

(4) $\cos 2x,\ \cos^2 x,\ \sin^2 x$

5.8　実数を係数とする 2 次以下の多項式のなすベクトル空間 $\mathbf{R}[x]_2$ に対して，内積を

$$(f, g) = \int_{-1}^{1} f(x)g(x)dx$$

と定める．

(1) $\mathbf{R}[x]_2$ の基底 $\{1,\ x,\ x^2\}$ に対しグラム・シュミットの直交化法を使って，正規直交基底を求めよ．

(2) ルジャンドル多項式 $P_n(x)$ を $P_n(x) = \dfrac{1}{n! 2^n} \dfrac{d^n}{dx^n}(x^2 - 1)^n$ と定める（ロドリグの公式）．これを用いて，$P_0(x), P_1(x), P_2(x)$ を求めよ（これらを定数倍して正規化したものが (1) の答えである）．

6 固有値とその応用

6.1 固有値と固有ベクトル

固有値と固有ベクトルは行列の理論と応用において重要な役割を果たす.

> **定義 6.1** 与えられた正方行列 A に対して,
>
> $$A\boldsymbol{x} = \lambda\boldsymbol{x} \tag{6.1}$$
>
> をみたす定数 λ, および $\boldsymbol{0}$ でないベクトル $\boldsymbol{x}$ が存在するとき, λ を行列 A の**固有値**, $\boldsymbol{x}$ を固有値 λ に対する A の**固有ベクトル**という.

実際に固有値を求めるために, (6.1) を次のように変形する.

$$(\lambda E - A)\boldsymbol{x} = \boldsymbol{0} \tag{6.2}$$

これは $\lambda E - A$ を係数行列とする同次連立 1 次方程式であるので, この連立方程式が自明でない解 $\boldsymbol{x} \neq \boldsymbol{0}$ をもつ条件は

$$\det(\lambda E - A) = 0 \tag{6.3}$$

である. この方程式を, 行列 A の**固有方程式**あるいは**特性方程式**といい, 固有値はこの方程式を解くことで求められる. また, (6.3) の左辺に現れている変数 λ の多項式

$$\Phi_A(\lambda) = \det(\lambda E - A) \tag{6.4}$$

を, 行列 A の**固有多項式**あるいは**特性多項式**という. 正方行列が n 次の場合, 固有多項式 $\Phi_A(\lambda)$ は n 次の多項式となり, 次のように展開される.

$$\Phi_A(\lambda) = \lambda^n - (\mathrm{Tr}\,A)\lambda^{n-1} + \cdots + (-1)^n \det A \tag{6.5}$$

例 **6.1**　$A = \begin{pmatrix} a & b \\ c & d \end{pmatrix}$ のとき,

$$\Phi_A(\lambda) = \begin{vmatrix} \lambda - a & -b \\ -c & \lambda - d \end{vmatrix} = \lambda^2 - (a+d)\lambda + (ad - bc)$$

6.1.1　2 次正方行列の固有値・固有ベクトル

この節では, 2 次正方行列の固有値・固有ベクトルを求めてみよう.

例 **6.2**　$A = \begin{pmatrix} 3 & -1 \\ -1 & 3 \end{pmatrix}$ の固有値・固有ベクトルを求める.

A の固有方程式は

$$\Phi_A(\lambda) = \begin{vmatrix} \lambda - 3 & 1 \\ 1 & \lambda - 3 \end{vmatrix} = \lambda^2 - 6\lambda + 8 = (\lambda - 2)(\lambda - 4) = 0$$

より, 固有値は $\lambda = 2, 4$ である.

$\lambda = 2$ に対する固有ベクトルは

$$(2E - A)\boldsymbol{x} = \begin{pmatrix} -1 & 1 \\ 1 & -1 \end{pmatrix} \begin{pmatrix} x_1 \\ x_2 \end{pmatrix} = \begin{pmatrix} 0 \\ 0 \end{pmatrix}$$

の解, つまり $-x_1 + x_2 = 0$ の解なので, $\begin{pmatrix} x_1 \\ x_2 \end{pmatrix} = c \begin{pmatrix} 1 \\ 1 \end{pmatrix}$　$(c \neq 0)$

が固有ベクトルである. この固有ベクトルは, たとえば $c = 1$ とおいて

$\begin{pmatrix} x_1 \\ x_2 \end{pmatrix} = \begin{pmatrix} 1 \\ 1 \end{pmatrix}$ で代表させてよい.

$\lambda = 4$ に対する固有ベクトルは

$$(4E - A)\boldsymbol{x} = \begin{pmatrix} 1 & 1 \\ 1 & 1 \end{pmatrix} \begin{pmatrix} x_1 \\ x_2 \end{pmatrix} = \begin{pmatrix} 0 \\ 0 \end{pmatrix}$$

の解, つまり $x_1 + x_2 = 0$ の解なので, $\begin{pmatrix} x_1 \\ x_2 \end{pmatrix} = c \begin{pmatrix} 1 \\ -1 \end{pmatrix}$ $(c \neq 0)$

が固有ベクトルである. この固有ベクトルは, たとえば $c = 1$ とおいて

$\begin{pmatrix} x_1 \\ x_2 \end{pmatrix} = \begin{pmatrix} 1 \\ -1 \end{pmatrix}$ で代表させてよい.

注意 6.1 固有値 λ に対する固有ベクトルの全体 $W(\lambda)$ は部分空間となる. この $W(\lambda)$ を固有値 λ に対する A の**固有空間**という.

注意 6.2 例 6.2 の行列 $A = \begin{pmatrix} 3 & -1 \\ -1 & 3 \end{pmatrix}$ は ${}^tA = A$ をみたすので対称行列である. 後の定理 6.6 で示すように, 一般に, 対称行列の固有値は実数であり, 異なる固有値に対する固有ベクトルは互いに直交する. $\lambda = 2$ に対する固有ベクトル $\boldsymbol{p}_1 = \begin{pmatrix} 1 \\ 1 \end{pmatrix}$ と $\lambda = 4$ に対する固有ベクトル $\boldsymbol{p}_2 = \begin{pmatrix} 1 \\ -1 \end{pmatrix}$ は, 内積を計算すると

$$\boldsymbol{p}_1 \cdot \boldsymbol{p}_2 = 1 \cdot 1 + 1 \cdot (-1) = 0$$

となり, 直交していることがわかる.

問 6.1 次の行列の固有値, 固有ベクトルを求めよ.

(1) $\begin{pmatrix} 1 & 9 \\ 9 & 1 \end{pmatrix}$ (2) $\begin{pmatrix} 2 & 3 \\ 1 & 4 \end{pmatrix}$

6.1.2 n 次正方行列の場合

再び, A を n 次正方行列とする.

固有方程式 $\Phi_A(\lambda) = 0$ は n 次の方程式なので, 複素数まで許せば

$$\Phi_A(\lambda) = (\lambda - \alpha_1)(\lambda - \alpha_2) \cdots (\lambda - \alpha_n) = 0$$

と, 1 次式の積に分解される. 同じ解をまとめると

$$\Phi_A(\lambda) = (\lambda - \alpha_1)^{n_1}(\lambda - \alpha_2)^{n_2} \cdots (\lambda - \alpha_r)^{n_r}$$

のように表せる. それぞれの n_i を固有値 α_i の**重複度**という.

このことから, 次の定理が得られる.

定理 6.1　n 次正方行列 A に対して,

(1)　A の固有値は重複度をこめて n 個あり, それらは固有方程式 $\Phi_A(\lambda) = 0$ の解として求まる.

(2)　A の 1 つの固有値 α に対する固有ベクトル $\boldsymbol{x}$ は, 同次連立 1 次方程式 $(\alpha E - A)\boldsymbol{x} = 0$ の自明でない解である.

ここで, 今後必要となる定理を述べる.

定理 6.2　A を n 次正方行列とする. n 次正方行列 P に対して $B = P^{-1}AP$ とおけば, A と B の固有多項式は一致する. したがって, A と B の固有値も一致する.

証明

$$\Phi_A(\lambda) = \det(\lambda E - A) = \det P^{-1}(\lambda E - A)P = \det(\lambda E - P^{-1}AP) = \Phi_B(\lambda)$$

$$\square$$

定理 6.3　n 次正方行列 A が互いに異なる r 個の固有値 $\alpha_1, \alpha_2, \cdots, \alpha_r$ をもつとき, それぞれに対する固有ベクトル $\boldsymbol{x}_1, \boldsymbol{x}_2, \cdots, \boldsymbol{x}_r$ は 1 次独立になる.

証明　$c_1, c_2, \cdots, c_r$ を未知数として, 方程式

$$c_1\boldsymbol{x}_1 + c_2\boldsymbol{x}_2 + \cdots + c_r\boldsymbol{x}_r = \boldsymbol{0} \tag{6.6}$$

を考える. (6.6) の両辺に $E, A, A^2, \cdots, A^{r-1}$ を掛けると, $A^2\boldsymbol{x}_1 = A(\alpha_1\boldsymbol{x}_1) = \alpha_1{}^2\boldsymbol{x}_1$ などに注意すれば,

$$c_1\alpha_1{}^k\boldsymbol{x}_1 + c_2\alpha_2{}^k\boldsymbol{x}_2 + \cdots + c_r\alpha_r{}^k\boldsymbol{x}_r = \boldsymbol{0} \qquad (k = 0, 1, 2, \cdots, r-1)$$

これを行列の形にまとめると,

$$\begin{pmatrix} 1 & 1 & \cdots & 1 \\ \alpha_1 & \alpha_2 & \cdots & \alpha_r \\ \vdots & \vdots & \ddots & \vdots \\ \alpha_1{}^{r-1} & \alpha_2{}^{r-1} & \cdots & \alpha_r{}^{r-1} \end{pmatrix}\begin{pmatrix} c_1\boldsymbol{x}_1 \\ c_2\boldsymbol{x}_2 \\ \vdots \\ c_r\boldsymbol{x}_r \end{pmatrix} = O$$

この係数行列の行列式はファンデルモンドの行列式で

$$\begin{vmatrix} 1 & 1 & \cdots & 1 \\ \alpha_1 & \alpha_2 & \cdots & \alpha_r \\ \vdots & \vdots & \ddots & \vdots \\ \alpha_1{}^{r-1} & \alpha_2{}^{r-1} & \cdots & \alpha_r{}^{r-1} \end{vmatrix} = \prod_{r \geq i > j \geq 1} (\alpha_i - \alpha_j)$$

となるので，固有値が互いに異なるという仮定から値は 0 にはならず，係数行列は逆行列をもつ．ゆえに

$$\begin{pmatrix} c_1\boldsymbol{x}_1 \\ c_2\boldsymbol{x}_2 \\ \vdots \\ c_r\boldsymbol{x}_r \end{pmatrix} = O$$

となるが，各固有ベクトル $\boldsymbol{x}_1, \boldsymbol{x}_2, \cdots, \boldsymbol{x}_r$ は $\boldsymbol{0}$ ではないので，

$$c_1 = c_2 = \cdots = c_r = 0$$

となり，$\boldsymbol{x}_1, \boldsymbol{x}_2, \cdots, \boldsymbol{x}_r$ は 1 次独立である． □

問 6.2 次の行列の固有値，固有ベクトルを求めよ．

$$(1)\ \begin{pmatrix} 1 & 3 & 3 \\ 2 & -5 & -6 \\ 0 & 5 & 6 \end{pmatrix} \qquad (2)\ \begin{pmatrix} -1 & 1 & -2 \\ 1 & -1 & 1 \\ 1 & -1 & 2 \end{pmatrix}$$

6.2　行列の対角化

行列の対角化は，線形代数において重要な手続きであり，行列の累乗の計算，2 次形式の標準化など，様々な場面で役に立つ．これは，与えられた線形変換に対し，固有ベクトルを基底としてとる場合の表現行列を求めることである．

まずは 2 次正方行列で考える．2 次正方行列 A の固有値を α, β，対応する固有ベクトルを $\boldsymbol{u}, \boldsymbol{v}$ とすると，

$$Au = \alpha u, \quad Av = \beta v \tag{6.7}$$

ここで，$\boldsymbol{u}, \boldsymbol{v}$ を並べて 2 次正方行列 P を作る．

$$P = (\boldsymbol{u} \ \boldsymbol{v})$$

$\boldsymbol{u}$ と $\boldsymbol{v}$ が 1 次独立であると仮定すると，P は正則行列となる．

この P を用いて (6.7) を 1 つにまとめると，

$$AP = A(\boldsymbol{u} \ \boldsymbol{v}) = (\alpha\boldsymbol{u} \ \beta\boldsymbol{v}) = (\boldsymbol{u} \ \boldsymbol{v}) \begin{pmatrix} \alpha & 0 \\ 0 & \beta \end{pmatrix} = P \begin{pmatrix} \alpha & 0 \\ 0 & \beta \end{pmatrix}$$

P^{-1} を左から掛けると，

$$P^{-1}AP = \begin{pmatrix} \alpha & 0 \\ 0 & \beta \end{pmatrix} \quad (= D \text{ とおく})$$

このように固有ベクトル $\boldsymbol{u}, \boldsymbol{v}$ が 1 次独立ならば，正則行列 P を用いて $P^{-1}AP$ を対角行列 D にすることができる．この手続きを**対角化**という．

以上の手続きは n 次正方行列についても同様にできる．

n 次正方行列 A に対して，n 次正則行列 P が存在して $P^{-1}AP$ が対角行列になるとき，すなわち

$$P^{-1}AP = \begin{pmatrix} \alpha_1 & & & \\ & \alpha_2 & & \\ & & \ddots & \\ & & & \alpha_n \end{pmatrix} \tag{6.8}$$

となるとき，A は P により**対角化可能**であるという．このとき，定理 6.2 より，$\alpha_1, \alpha_2, \cdots, \alpha_n$ は A の固有値である．

与えられた正方行列が対角化可能であるための条件を，以下の定理で述べる．

定理 6.4　A を n 次正方行列とする．このとき，

A が対角化可能　$\Leftrightarrow$　A が n 個の 1 次独立な固有ベクトルをもつ．

証明 $A\boldsymbol{v}_i = \alpha_i \boldsymbol{v}_i$ $(i = 1, 2, \cdots, n)$ で $\boldsymbol{v}_1, \boldsymbol{v}_2, \cdots, \boldsymbol{v}_n$ は 1 次独立とする. このとき $P = (\boldsymbol{v}_1, \boldsymbol{v}_2, \cdots, \boldsymbol{v}_n)$ は正則行列となる. この P に対し,

$$AP = (\alpha_1 \boldsymbol{v}_1, \alpha_2 \boldsymbol{v}_2, \cdots, \alpha_n \boldsymbol{v}_n) = P \begin{pmatrix} \alpha_1 & & & \\ & \alpha_2 & & \\ & & \ddots & \\ & & & \alpha_n \end{pmatrix}$$

となるから, P^{-1} を左から掛けて

$$P^{-1}AP = \begin{pmatrix} \alpha_1 & & & \\ & \alpha_2 & & \\ & & \ddots & \\ & & & \alpha_n \end{pmatrix}$$

を得る.

逆に A が対角化可能, つまり適当な正則行列 $P = (\boldsymbol{v}_1, \boldsymbol{v}_2, \cdots, \boldsymbol{v}_n)$ で

$$P^{-1}AP = \begin{pmatrix} \alpha_1 & & & \\ & \alpha_2 & & \\ & & \ddots & \\ & & & \alpha_n \end{pmatrix}$$

と表されたとする. P は正則行列だから, n 個の列ベクトル $\boldsymbol{v}_1, \boldsymbol{v}_2, \cdots, \boldsymbol{v}_n$ は 1 次独立である. 基本ベクトル $\boldsymbol{e}_i$ に対して, $P\boldsymbol{e}_i = \boldsymbol{v}_i$ $(i = 1, 2, \cdots, n)$ であるから,

$$A\boldsymbol{v}_i = AP\boldsymbol{e}_i = P(P^{-1}AP)\boldsymbol{e}_i = \alpha_i P\boldsymbol{e}_i = \alpha_i \boldsymbol{v}_i$$

となり, $\boldsymbol{v}_1, \boldsymbol{v}_2, \cdots, \boldsymbol{v}_n$ はそれぞれ固有値 $\alpha_1, \alpha_2, \cdots, \alpha_n$ に対する A の固有ベクトルである. $\square$

定理 6.3 と定理 6.4 を用いて, 次の定理を得る.

> **定理 6.5** n 次正方行列 A の固有値がすべて異なれば, A は対角化可能である.

与えられた行列 A が対角化できれば，A^m を求めることが簡単にできる．(6.8) の両辺を m 乗すると，

$$(P^{-1}AP)^m = (P^{-1}AP)(P^{-1}AP)(P^{-1}AP)\cdots(P^{-1}AP)$$
$$= P^{-1}A(PP^{-1})A(PP^{-1})\cdots(PP^{-1})AP$$
$$= P^{-1}A^m P$$

を用いて，

$$P^{-1}A^m P = (P^{-1}AP)^m = \begin{pmatrix} \alpha_1^m & & & \\ & \alpha_2^m & & \\ & & \ddots & \\ & & & \alpha_n^m \end{pmatrix}$$

より，

$$A^m = P \begin{pmatrix} \alpha_1^m & & & \\ & \alpha_2^m & & \\ & & \ddots & \\ & & & \alpha_n^m \end{pmatrix} P^{-1}$$

と求まる．

> **例 6.3** 次の行列は対角化可能かどうか調べ，対角化可能なら正則行列 P を求めて対角化せよ．
>
> (1) $A = \begin{pmatrix} 3 & -5 & -5 \\ -1 & 7 & 5 \\ 1 & -9 & -7 \end{pmatrix}$ (2) $B = \begin{pmatrix} 0 & 1 & -1 \\ -2 & 1 & -2 \\ -1 & -1 & 0 \end{pmatrix}$
>
> (3) $C = \begin{pmatrix} 1 & 1 & -2 \\ -1 & 3 & -2 \\ 2 & -2 & 6 \end{pmatrix}$

解答 6.1 (1) A の固有方程式は

$$\Phi_A(\lambda) = \begin{vmatrix} \lambda - 3 & 5 & 5 \\ 1 & \lambda - 7 & -5 \\ -1 & 9 & \lambda + 7 \end{vmatrix} = (\lambda - 2)(\lambda - 3)(\lambda + 2) = 0$$

より，固有値は $\lambda = 2, 3, -2$ である．固有値がすべて異なるので，対角化可能である．

$\lambda = 2$ に対する固有ベクトルは

$$(2E - A)\boldsymbol{x} = \begin{pmatrix} -1 & 5 & 5 \\ 1 & -5 & -5 \\ -1 & 9 & 9 \end{pmatrix} \begin{pmatrix} x_1 \\ x_2 \\ x_3 \end{pmatrix} = \begin{pmatrix} 0 \\ 0 \\ 0 \end{pmatrix}$$

を解いて，$\boldsymbol{p}_1 = \begin{pmatrix} 0 \\ 1 \\ -1 \end{pmatrix}$ ととることができる．

$\lambda = 3$ に対する固有ベクトルは $(3E - A)\boldsymbol{x} = \boldsymbol{0}$ を解いて，$\boldsymbol{p}_2 = \begin{pmatrix} 1 \\ -1 \\ 1 \end{pmatrix}$

ととることができる．

$\lambda = -2$ に対する固有ベクトルは $(-2E - A)\boldsymbol{x} = \boldsymbol{0}$ を解いて，$\boldsymbol{p}_3 = \begin{pmatrix} 1 \\ -1 \\ 2 \end{pmatrix}$

ととることができる．

したがって，A の 1 次独立な 3 個の固有ベクトル $\boldsymbol{p}_1, \boldsymbol{p}_2, \boldsymbol{p}_3$ が存在するので，

$$P = (\boldsymbol{p}_1, \boldsymbol{p}_2, \boldsymbol{p}_3) = \begin{pmatrix} 0 & 1 & 1 \\ 1 & -1 & -1 \\ -1 & 1 & 2 \end{pmatrix}$$

とおくと,

$$P^{-1}AP = \begin{pmatrix} 2 & 0 & 0 \\ 0 & 3 & 0 \\ 0 & 0 & -2 \end{pmatrix}.$$

(2) B の固有方程式は

$$\Phi_B(\lambda) = \begin{vmatrix} \lambda & -1 & 1 \\ 2 & \lambda-1 & 2 \\ 1 & 1 & \lambda \end{vmatrix} = (\lambda-1)^2(\lambda+1) = 0$$

より, 固有値は $\lambda = 1$ (重複度 2), -1 である.

$\lambda = -1$ に対する固有ベクトルは $(-E-B)\boldsymbol{x} = \boldsymbol{0}$ を解いて, $\boldsymbol{p}_1 = \begin{pmatrix} 0 \\ 1 \\ 1 \end{pmatrix}$

ととることができる.

$\lambda = 1$ に対する固有ベクトルは $(E-B)\boldsymbol{x} = \boldsymbol{0}$ を解くと,

$$\begin{pmatrix} x_1 \\ x_2 \\ x_3 \end{pmatrix} = c \begin{pmatrix} 1 \\ 0 \\ -1 \end{pmatrix} \quad (c \neq 0)$$

となり, 固有値の重複度が 2 にもかかわらず, 1 次独立な固有ベクトルは

$\boldsymbol{p}_2 = \begin{pmatrix} 1 \\ 0 \\ -1 \end{pmatrix}$ の 1 個しかとることができない.

したがって, B の 1 次独立な固有ベクトルは 2 個だから対角化できない.

(3) C の固有方程式は

$$\Phi_C(\lambda) = \begin{vmatrix} \lambda-1 & -1 & 2 \\ 1 & \lambda-3 & 2 \\ -2 & 2 & \lambda-6 \end{vmatrix} = (\lambda-2)^2(\lambda-6) = 0$$

より, 固有値は $\lambda = 2$ (重複度 2), 6 である.

$\lambda = 6$ に対する固有ベクトルは $(6E - C)\boldsymbol{x} = \boldsymbol{0}$ を解いて, $\boldsymbol{p}_1 = \begin{pmatrix} 1 \\ 1 \\ -2 \end{pmatrix}$

ととることができる.

$\lambda = 2$ に対する固有ベクトルは $(2E - C)\boldsymbol{x} = \boldsymbol{0}$, つまり $x_1 - x_2 + 2x_3 = 0$ を解いて,

$$\begin{pmatrix} x_1 \\ x_2 \\ x_3 \end{pmatrix} = \begin{pmatrix} c_1 - 2c_2 \\ c_1 \\ c_2 \end{pmatrix} = c_1 \begin{pmatrix} 1 \\ 1 \\ 0 \end{pmatrix} + c_2 \begin{pmatrix} -2 \\ 0 \\ 1 \end{pmatrix} \quad ((c_1, c_2) \neq (0, 0))$$

より, $\boldsymbol{p}_2 = \begin{pmatrix} 1 \\ 1 \\ 0 \end{pmatrix}$, $\boldsymbol{p}_3 = \begin{pmatrix} -2 \\ 0 \\ 1 \end{pmatrix}$ ととることができる.

したがって, C の1次独立な3個の固有ベクトル $\boldsymbol{p}_1, \boldsymbol{p}_2, \boldsymbol{p}_3$ が存在するので,

$$P = (\boldsymbol{p}_1, \boldsymbol{p}_2, \boldsymbol{p}_3) = \begin{pmatrix} 1 & 1 & -2 \\ 1 & 1 & 0 \\ -2 & 0 & 1 \end{pmatrix}$$

とおくと,

$$P^{-1}CP = \begin{pmatrix} 6 & 0 & 0 \\ 0 & 2 & 0 \\ 0 & 0 & 2 \end{pmatrix}.$$

□

問 6.3 次の行列は対角化可能かどうか調べ, 対角化可能なら正則行列 P を求めて対角化せよ.

(1) $A = \begin{pmatrix} 5 & -7 & -7 \\ -4 & 8 & 7 \\ 4 & -10 & -9 \end{pmatrix}$ (2) $B = \begin{pmatrix} 1 & 3 & 2 \\ 0 & -1 & 0 \\ 1 & 2 & 0 \end{pmatrix}$

$$(3)\ \ C = \begin{pmatrix} 5 & 6 & 0 \\ -1 & 0 & 0 \\ 1 & 2 & 2 \end{pmatrix}$$

6.2.1　実対称行列の場合

まず，エルミート内積を

$$(\boldsymbol{x}, \boldsymbol{y}) = {}^t\bar{\boldsymbol{x}}\boldsymbol{y} = \bar{x}_1 y_1 + \bar{x}_2 y_2 \cdots + \bar{x}_n y_n$$

と定義する．このとき，複素数を成分とする n 次正方行列 A に対して，

$$(\boldsymbol{x}, A\boldsymbol{y}) = {}^t\bar{\boldsymbol{x}}A\boldsymbol{y} = {}^t\left(\overline{A^*\boldsymbol{x}}\right)\boldsymbol{y} = (A^*\boldsymbol{x}, \boldsymbol{y}) \tag{6.9}$$

が成り立つ．特に，A が実対称行列（${}^tA = A$）であるとき，

$$(\boldsymbol{x}, A\boldsymbol{y}) = (A\boldsymbol{x}, \boldsymbol{y}) \tag{6.10}$$

が成り立つことに注意する．

定理 6.6　A を n 次実対称行列とする．このとき，

(1) A の固有値はすべて実数である．

(2) α, β を A の異なる固有値とし，$\boldsymbol{v}, \boldsymbol{w}$ をそれぞれ α, β に属する固有ベクトルとする．このとき $\boldsymbol{v}$ と $\boldsymbol{w}$ は直交する．

証明　(1)　A の固有値の 1 つを λ とし，対応する固有ベクトルを $\boldsymbol{x}$ とおくと，

$$(A\boldsymbol{x}, \boldsymbol{x}) = (\lambda\boldsymbol{x}, \boldsymbol{x}) = \bar{\lambda}(\boldsymbol{x}, \boldsymbol{x}) \tag{6.11}$$

また，(6.10) を用いて，

$$(A\boldsymbol{x}, \boldsymbol{x}) = (\boldsymbol{x}, A\boldsymbol{x}) = (\boldsymbol{x}, \lambda\boldsymbol{x}) = \lambda(\boldsymbol{x}, \boldsymbol{x}) \tag{6.12}$$

$\boldsymbol{x} \neq \boldsymbol{0}$ であるから $(\boldsymbol{x}, \boldsymbol{x}) \neq \boldsymbol{0}$ に注意すると，(6.11), (6.12) から $\bar{\lambda} = \lambda$ である．これより，固有値 λ は実数である．

(2)　(1) より α, β は実数である．(6.10) を用いて，

$$\alpha(\boldsymbol{v}, \boldsymbol{w}) = \bar{\alpha}(\boldsymbol{v}, \boldsymbol{w}) = (\alpha\boldsymbol{v}, \boldsymbol{w}) = (A\boldsymbol{v}, \boldsymbol{w}) = (\boldsymbol{v}, A\boldsymbol{w}) = (\boldsymbol{v}, \beta\boldsymbol{w}) = \beta(\boldsymbol{v}, \boldsymbol{w})$$

条件 $\alpha \neq \beta$ より, $(\boldsymbol{v}, \boldsymbol{w}) = 0$, つまり $\boldsymbol{v}$ と $\boldsymbol{w}$ は直交する.　　　　□

注意 6.3　エルミート行列 $(A^* = A)$ に対しても, 定理 6.6 と同様にして以下のことを示せる.

(1) エルミート行列 A の固有値はすべて実数である.

(2) α, β を A の異なる固有値とし, $\boldsymbol{v}, \boldsymbol{w}$ をそれぞれ α, β に属する固有ベクトルとする. このとき $\boldsymbol{v}$ と $\boldsymbol{w}$ は直交する.

> **定理 6.7**　A を n 次実対称行列とする. このとき, A は直交行列を用いて対角化できる.

証明　n に関する数学的帰納法で示す. $n = 1$ のときは自明であるので, $(n-1)$ 次実対称行列に対して命題が成り立つことを仮定して, n 次実対称行列が対角化できることを示せばよい.

A の固有値 α_1 に対する固有ベクトルで, 大きさ 1 のものを $\boldsymbol{u}_1$ とし, この $\boldsymbol{u}_1$ を含む $\mathbb{C}^n$ の正規直交基底 $\{\boldsymbol{u}_1, \boldsymbol{p}_2, \cdots, \boldsymbol{p}_n\}$ を考えると, n 次正方行列

$$P_1 = (\boldsymbol{u}_1, \boldsymbol{p}_2, \cdots, \boldsymbol{p}_n)$$

は直交行列である. このとき, $AP_1 = (A\boldsymbol{u}_1, A\boldsymbol{p}_2, \cdots, A\boldsymbol{p}_n)$ の列ベクトルは

$A\boldsymbol{u}_1 = \alpha_1 \boldsymbol{u}_1$, $\quad A\boldsymbol{p}_j \ (j = 2, 3, \cdots, n)$ は基底 $\{\boldsymbol{u}_1, \boldsymbol{p}_2, \cdots, \boldsymbol{p}_n\}$ の線形結合であるので, さらに ${}^t P_1 = P_1^{-1}$ を左から掛けると

$${}^t P_1 A P_1 = {}^t P_1 (\boldsymbol{u}_1, \boldsymbol{p}_2, \cdots, \boldsymbol{p}_n) \left(\begin{array}{c|ccc} \alpha_1 & a_2 & \cdots & a_n \\ \hline 0 & & & \\ \vdots & & A_2 & \\ 0 & & & \end{array} \right) = \left(\begin{array}{c|ccc} \alpha_1 & a_2 & \cdots & a_n \\ \hline 0 & & & \\ \vdots & & A_2 & \\ 0 & & & \end{array} \right)$$

となる. A は対称行列なので,

$$ {}^t({}^t P_1 A P_1) = {}^t P_1 \, {}^t A P_1 = {}^t P_1 A P_1 $$

であるから ${}^t P_1 A P_1$ も対称行列で,

$$a_2 = \cdots = a_n = 0, \quad {}^t A_2 = A_2$$

となる. 帰納法の仮定から $(n-1)$ 次直交行列 P_2 が存在して

$$
{}^{t}P_2 A_2 P_2 = \begin{pmatrix} \alpha_2 & & O \\ & \ddots & \\ O & & \alpha_n \end{pmatrix}
$$

となる. ここで,

$$
P = P_1 \begin{pmatrix} 1 & 0 & \cdots & 0 \\ \hline 0 & & & \\ \vdots & & P_2 & \\ 0 & & & \end{pmatrix}
$$

とおくと P は n 次直交行列で,

$$
{}^{t}PAP = \begin{pmatrix} \alpha_1 & & & O \\ & \alpha_2 & & \\ & & \ddots & \\ O & & & \alpha_n \end{pmatrix}
$$

となるので, n でも成り立つことが示された. □

定理 6.7 の証明と同様にして, 次の定理も成り立つ.

> **定理 6.8**　A を n 次エルミート行列とする. このとき, A はユニタリ行列を用いて対角化できる.

例 **6.4**　実対称行列 $A = \begin{pmatrix} 2 & 1 & 1 \\ 1 & 2 & 1 \\ 1 & 1 & 2 \end{pmatrix}$ を適当な直交行列を用いて対角化せよ.

解答 6.2　(1) A の固有方程式は

$$
\Phi_A(\lambda) = \begin{vmatrix} \lambda - 2 & -1 & -1 \\ -1 & \lambda - 2 & -1 \\ -1 & -1 & \lambda - 2 \end{vmatrix} = (\lambda - 1)^2 (\lambda - 4) = 0
$$

より，固有値は $\lambda = 1$ (重複度 2), 4 である．

$\lambda = 1$ に対する固有ベクトルは

$$(E - A)\boldsymbol{x} = \begin{pmatrix} -1 & -1 & -1 \\ -1 & -1 & -1 \\ -1 & -1 & -1 \end{pmatrix} \begin{pmatrix} x_1 \\ x_2 \\ x_3 \end{pmatrix} = \begin{pmatrix} 0 \\ 0 \\ 0 \end{pmatrix},$$

つまり，$x_1 + x_2 + x_3 = 0$ を解いて，

$$\begin{pmatrix} x_1 \\ x_2 \\ x_3 \end{pmatrix} = c_1 \begin{pmatrix} -1 \\ 1 \\ 0 \end{pmatrix} + c_2 \begin{pmatrix} -1 \\ 0 \\ 1 \end{pmatrix} \quad ((c_1, c_2) \neq (0,0))$$

を得る．$\boldsymbol{v}_1 = \begin{pmatrix} -1 \\ 1 \\ 0 \end{pmatrix}$, $\boldsymbol{v}_2 = \begin{pmatrix} -1 \\ 0 \\ 1 \end{pmatrix}$ とおき，グラム・シュミットの直交

化法により $\boldsymbol{v}_1, \boldsymbol{v}_2$ を正規直交化する．つまり，固有値 $\lambda = 1$ に対する固有空間 $W(1)$ の正規直交基底を作る．

$$\boldsymbol{p}_1 = \frac{1}{||\boldsymbol{v}_1||} \boldsymbol{v}_1 = \frac{1}{\sqrt{2}} \begin{pmatrix} -1 \\ 1 \\ 0 \end{pmatrix}$$

$$\boldsymbol{p}_2' = \boldsymbol{v}_2 - (\boldsymbol{v}_2 \cdot \boldsymbol{p}_1)\boldsymbol{p}_1$$

$$= \begin{pmatrix} -1 \\ 0 \\ 1 \end{pmatrix} - \frac{1}{\sqrt{2}} \frac{1}{\sqrt{2}} \begin{pmatrix} -1 \\ 1 \\ 0 \end{pmatrix} = \begin{pmatrix} -1/2 \\ -1/2 \\ 1 \end{pmatrix}$$

$$\boldsymbol{p}_2 = \frac{1}{||\boldsymbol{p}_2'||} \boldsymbol{p}_2' = \frac{1}{\sqrt{6}} \begin{pmatrix} -1 \\ -1 \\ 2 \end{pmatrix}$$

この $\boldsymbol{p}_1, \boldsymbol{p}_2$ はともに大きさが 1 で互いに直交する，固有値 1 の固有ベクトルである．

$\lambda = 4$ に対する固有ベクトルは $(4E - A)\boldsymbol{x} = \boldsymbol{0}$ を解いて，$\begin{pmatrix} x_1 \\ x_2 \\ x_3 \end{pmatrix} =$

$c \begin{pmatrix} 1 \\ 1 \\ 1 \end{pmatrix}$ $(c \neq 0)$ を得るので，大きさを 1 にして $\boldsymbol{p}_3 = \dfrac{1}{\sqrt{3}} \begin{pmatrix} 1 \\ 1 \\ 1 \end{pmatrix}$ を得

る．したがって，

$$P = (\boldsymbol{p}_1, \boldsymbol{p}_2, \boldsymbol{p}_3) = \begin{pmatrix} -1/\sqrt{2} & -1/\sqrt{6} & 1/\sqrt{3} \\ 1/\sqrt{2} & -1/\sqrt{6} & 1/\sqrt{3} \\ 0 & 2/\sqrt{6} & 1/\sqrt{3} \end{pmatrix}$$

とおけば P は直交行列となり，A は

$$P^{-1}AP = \begin{pmatrix} 1 & 0 & 0 \\ 0 & 1 & 0 \\ 0 & 0 & 4 \end{pmatrix}.$$

と対角化される．　　　　　　　　　　　　　　　　　　　　□

固有値や固有多項式に関する重要な性質

ここで，固有値や固有多項式に関する重要な性質をまとめておく．

A の固有値を $\alpha_1, \alpha_2, \cdots, \alpha_n$，$P^{-1}AP = \begin{pmatrix} \alpha_1 & & & \\ & \alpha_2 & & \\ & & \ddots & \\ & & & \alpha_n \end{pmatrix}$

のとき，

1.　$\det A = \det P^{-1}AP = \begin{vmatrix} \alpha_1 & & & \\ & \alpha_2 & & \\ & & \ddots & \\ & & & \alpha_n \end{vmatrix} = \alpha_1 \alpha_2 \cdots \alpha_n$

（固有値の積）

2. $\mathrm{Tr}\, A = \mathrm{Tr}\, P^{-1}AP = \alpha_1 + \alpha_2 + \cdots + \alpha_n$ （固有値の和）

3. $\det(\lambda E - A) = (\lambda - \alpha_1)(\lambda - \alpha_2) \cdots (\lambda - \alpha_n)$

4. **ケーリー・ハミルトンの定理**

   λ の多項式 $\quad f(\lambda) = a_0 \lambda^n + a_1 \lambda^{n-1} + \cdots + a_{n-1}\lambda + a_n$

   の λ に行列 A を代入した式を $\quad f(A) = a_0 A^n + a_1 A^{n-1} + \cdots + a_{n-1}A + a_n E \quad$ と定める. このとき λ の多項式 $\Phi_A(\lambda) = \det(\lambda E - A)$ に対し,

   $$\Phi_A(A) = O$$

   たとえば, $n = 2$ のとき,

   $$\Phi_A(A) = A^2 - (\mathrm{Tr}\, A)A + (\det A)E = O$$

6.3 対称行列の対角化と 2 次形式

6.3.1 2 次式で表される曲線

高校数学で学んだように, 2 次式 $\dfrac{x^2}{a^2} + \dfrac{y^2}{b^2} = 1$ は楕円を表し, $\dfrac{x^2}{a^2} - \dfrac{y^2}{b^2} = 1$ (または $\dfrac{x^2}{a^2} - \dfrac{y^2}{b^2} = -1$) は双曲線を表す.

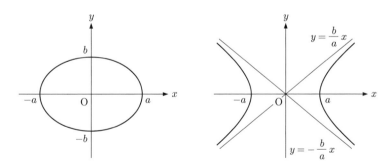

図 **6.1**

では, より一般の 2 次式

$$ax^2 + 2bxy + cy^2 = 1 \quad (a, b, c \text{ は実数}) \tag{6.13}$$

で表される曲線はどのようなものであろうか?

(6.13) の左辺を行列を使って次のように書き直す.

$$ax^2 + 2bxy + cy^2 = \begin{pmatrix} x & y \end{pmatrix} \begin{pmatrix} a & b \\ b & c \end{pmatrix} \begin{pmatrix} x \\ y \end{pmatrix}$$

ここで, $A = \begin{pmatrix} a & b \\ b & c \end{pmatrix}$ とおくと A は実対称行列である. よって, 適当な直交行列 P を用いて

$$^tPAP = \begin{pmatrix} \alpha & 0 \\ 0 & \beta \end{pmatrix} \quad (\alpha, \beta は A の固有値) \tag{6.14}$$

と対角化される. このとき, $\boldsymbol{x} = \begin{pmatrix} x \\ y \end{pmatrix}$, $\boldsymbol{x'} = \begin{pmatrix} x' \\ y' \end{pmatrix} = {}^tP\boldsymbol{x}$ とおくと, $\boldsymbol{x} = P\boldsymbol{x'}$ で,

$$\begin{aligned}
ax^2 + 2bxy + cy^2 &= {}^t\boldsymbol{x}A\boldsymbol{x} \\
&= {}^t\boldsymbol{x'}({}^tPAP)\boldsymbol{x'} \\
&= \begin{pmatrix} x' & y' \end{pmatrix} \begin{pmatrix} \alpha & 0 \\ 0 & \beta \end{pmatrix} \begin{pmatrix} x' \\ y' \end{pmatrix} \\
&= \alpha(x')^2 + \beta(y')^2
\end{aligned}$$

となる. これより, 2 次式の表す曲線は

$$\alpha(x')^2 + \beta(y')^2 = 1 \tag{6.15}$$

となり, $\alpha > 0$, $\beta > 0$ のとき楕円, $\alpha > 0$, $\beta < 0$ または $\alpha < 0$, $\beta > 0$ のときに双曲線となることがわかる.

　直交行列 P を行列式が 1 のものに選んでおけば, P は原点中心の回転行列を表すので, $x'y'$ 座標系をどれだけ回転させれば xy 座標系になるのかがわかる. よって, $x'y'$ 座標で描かれた曲線 (6.15) を回転させることで, 元の曲線 (6.13) の概形が描ける (具体例は演習問題を見よ).

6.3.2 2次形式

列ベクトル $\boldsymbol{x} \in \mathbf{R}^n$, n 次実対称行列 $A = (a_{ij})$, $\quad a_{ij} = a_{ji}$ に対して定められる式

$$^t\boldsymbol{x}A\boldsymbol{x} = \sum_{i,j=1}^{n} a_{ij}x_i x_j = \sum_{i=1}^{n} a_{ii}{x_i}^2 + 2\sum_{i<j}^{n} a_{ij}x_i x_j$$

を **2次形式** という. 2変数の場合と同様にして, 次の定理が成り立つ.

定理 6.9 2次形式 $^t\boldsymbol{x}A\boldsymbol{x}$ ($\boldsymbol{x} \in \mathbf{R}^n$) に対し, 適当な直交行列 P を用いて $\boldsymbol{x} = P\boldsymbol{x}'$ と変数変換することで,

$$^t\boldsymbol{x}A\boldsymbol{x} = {}^t\boldsymbol{x}'(^tPAP)\boldsymbol{x}' = \alpha_1(x_1')^2 + \cdots + \alpha_n(x_n')^2$$

とすることができる. ここで, $\alpha_1, \cdots, \alpha_n$ は n 次実対称行列 A の固有値である. これを, **2次形式の標準形** という.

6.4 ジョルダン標準形

対角化ができない場合でも, 固有ベクトルの概念を拡張した一般固有ベクトルの考え方を用いることで, 対角化と似たような議論を行うことが可能である. 本書では証明は割愛するが, 2×2 行列の例でその手続きを理解してもらいたい.

例 6.5 次の行列を考える.

$$A = \begin{pmatrix} 0 & 1 \\ -4 & 4 \end{pmatrix}$$

A の固有方程式 (特性方程式) は $\lambda^2 - 4\lambda + 4 = 0$ で, 固有値は $\lambda = 2$ (重根) となり, $\lambda = 2$ に対する1次独立な固有ベクトルは $\boldsymbol{u} = \begin{pmatrix} 1 \\ 2 \end{pmatrix}$ しかない. このときの $\boldsymbol{v}$ は連立1次方程式 $(A - 2E)\boldsymbol{v} = \boldsymbol{0}$ から求めるのではなく

$$(A - 2E)\boldsymbol{v} = \boldsymbol{u}$$

を解いて求める．この v を**一般固有ベクトル**という．すると $v = \begin{pmatrix} 1 \\ 3 \end{pmatrix}$

と求まるので $P = (u,\ v)$ とおくと P は正則行列となり，

$$AP = (Au,\ Av) = (2u,\ u+2v) = (u,\ v)\begin{pmatrix} 2 & 1 \\ 0 & 2 \end{pmatrix}$$

より，

$$P^{-1}AP = \begin{pmatrix} 2 & 1 \\ 0 & 2 \end{pmatrix}$$

となる．これを**ジョルダン標準形**という．

応用：特性方程式が重根をもつ場合の線形微分方程式

ここでは，定数係数 2 階線形微分方程式の解法への応用について述べる．

$y = y(x)$ に対する微分方程式

$$y'' - (\alpha + \beta)y' + \alpha\beta y = 0 \quad (\alpha, \beta \text{ は定数})$$

は特性方程式

$$\lambda^2 - (\alpha + \beta)\lambda + \alpha\beta = (\lambda - \alpha)(\lambda - \beta) = 0$$

の 2 解 α, β が異なる場合，$e^{\alpha x}, e^{\beta x}$ が 1 次独立で，一般解はその 1 次結合

$$y = c_1 e^{\alpha x} + c_2 e^{\beta x} \quad (c_1,\ c_2 \text{ は任意定数})$$

で与えられることがわかる．

では，

$$y'' - 4y' + 4y = 0 \tag{6.16}$$

のように $\alpha = \beta\ (= 2)$ の場合はどうすればよいだろうか？

まず，準備として，

$$y' - \alpha y = c_2 e^{\alpha x} \qquad (\alpha,\ c_2 \text{ は定数}) \tag{6.17}$$

を解く．

(i) まず $y' - \alpha y = 0$ を解く．これは変数分離法で解けて，一般解は $y =$

$Ce^{\alpha x}$ 　（C は任意定数）

(ii) **定数変化法：** (i) で求めた一般解の定数 C を x の関数 $C(x)$ で置き換えたもの，つまり $y = C(x)e^{\alpha x}$ を (6.17) に代入すると，積の微分に注意して，

$$\frac{dy}{dx} - \alpha y = c_2 e^{\alpha x}$$

$$C'(x)e^{\alpha x} + C(x) \cdot \alpha e^{\alpha x} - \alpha\, C(x)e^{\alpha x} = c_2 e^{\alpha x}$$

$$C'(x)e^{\alpha x} = c_2 e^{\alpha x}$$

$$C'(x) = c_2$$

$$C(x) = c_2 x + c_1$$

よって，一般解は　　$y = (c_1 + c_2 x)e^{\alpha x}$ 　　（c_1 は任意定数）

準備は以上である．

さて，ベクトル $\boldsymbol{y} = \begin{pmatrix} y \\ y' \end{pmatrix}$ を用いて，(6.16) を行列を使って書き直すと，

$$\boldsymbol{y}' = \begin{pmatrix} y' \\ y'' \end{pmatrix} = \begin{pmatrix} y' \\ 4y' - 4y \end{pmatrix} = \begin{pmatrix} 0 & 1 \\ -4 & 4 \end{pmatrix} \begin{pmatrix} y \\ y' \end{pmatrix} = A\boldsymbol{y} \quad (6.18)$$

この行列 A は例 6.5 で述べたものである．A の固有方程式（特性方程式）は $\lambda^2 - 4\lambda + 4 = 0$ で，固有値は $\lambda = 2$ （重根）となり，$\lambda = 2$ に対する 1 次独立な固有ベクトルは　$\boldsymbol{u} = \begin{pmatrix} 1 \\ 2 \end{pmatrix}$ しかない．このとき，上記のジョルダン標準形を用いて，

$$P^{-1}AP = \begin{pmatrix} 2 & 1 \\ 0 & 2 \end{pmatrix}$$

このとき，$\boldsymbol{y} = P\boldsymbol{z} = P\begin{pmatrix} z_1 \\ z_2 \end{pmatrix}$ とおくと，方程式 $\boldsymbol{y}' = A\boldsymbol{y}$ は，

$$P\boldsymbol{z}' = AP\boldsymbol{z}$$

$$\boldsymbol{z}' = P^{-1}AP\boldsymbol{z}$$

$$\begin{pmatrix} z_1' \\ z_2' \end{pmatrix} = \begin{pmatrix} 2 & 1 \\ 0 & 2 \end{pmatrix} \begin{pmatrix} z_1 \\ z_2 \end{pmatrix}$$

2 行目 $z_2' = 2z_2$ を解いた $z_2 = c_2 e^{2x}$ を 1 行目に代入して $z_1' = 2z_1 + c_2 e^{2x}$.
これは上記の準備より解けて $z_1 = (c_1 + c_2 x)e^{2x}$ よって，(6.18) の一般解は

$$\boldsymbol{y} = P\boldsymbol{z} = (\boldsymbol{u}, \boldsymbol{v}) \begin{pmatrix} z_1 \\ z_2 \end{pmatrix} = (c_1 + c_2 x)e^{2x}\boldsymbol{u} + c_2 e^{2x}\boldsymbol{v} \qquad (c_1, \ c_2 \text{ は任意定数})$$

この式の 1 行目を見れば (6.16) の一般解は

$$y = (c_1 + c_2)e^{2x} + c_2 x e^{2x} \qquad (c_1, \ c_2 \text{ は任意定数})$$

$c_1 + c_2$ をあらためて c_1 とおけば，

$$y = c_1 e^{2x} + c_2 x e^{2x} \qquad (c_1, \ c_2 \text{ は任意定数})$$

が得られる．重複度 2 の固有値 α に対しては，$e^{\alpha x}$, $xe^{\alpha x}$ が 1 次独立な解に
なっている．

─────────────6 章の演習問題─────────────

6.1 実対称行列 $A = \begin{pmatrix} 5 & 4 & -2 \\ 4 & 5 & 2 \\ -2 & 2 & 8 \end{pmatrix}$ を直交行列 P で対角化したい.

(1) 固有方程式 $\det(\lambda E - A) = 0$ を解き，A の固有値は 0, 9 であることを
示せ.

(2) $\mathrm{rank}(0E - A) = \mathrm{rank}(-A)$, $\mathrm{rank}(9E - A)$ を求めよ.

(3) 固有値 0 に対する固有ベクトルで大きさ 1 のものを求めよ.

(4) 連立 1 次方程式 $(9E - A)\boldsymbol{x} = \boldsymbol{0}$ を解き，固有値 9 に対する固有空間
$W(9)$ の基底を求めよ.

(5) (4) で求めた基底にグラム・シュミットの直交化法を用いて，$W(9)$ の正
規直交基底にせよ.

(6) (3) の答えと (5) の答えを並べて 3 次正方行列 P を作り，${}^t\!PP$ を計算せよ.

(7) ${}^t\!PAP$ を計算し，A を対角化せよ.

6.2　2 次曲線 $3x^2 - 8xy + 9y^2 = 11$ が楕円，双曲線のどちらであるか調べたい．そこで，

実対称行列　$A = \begin{pmatrix} 3 & -4 \\ -4 & 9 \end{pmatrix}$　を考える.

(1) A の固有値，固有ベクトルを求め，直交行列 P を用いて A を対角化せよ.

(2) 2 次形式 $3x^2 - 8xy + 9y^2$ に $\begin{pmatrix} x \\ y \end{pmatrix} = P \begin{pmatrix} x' \\ y' \end{pmatrix}$　を代入し，x', y' の 2 次式になおせ.

(3) 2 次曲線 $3x^2 - 8xy + 9y^2 = 11$ は楕円，双曲線のどちらか.

6.3　$A = \begin{pmatrix} 3 & -4 & 2 \\ -4 & 3 & -2 \\ 2 & -2 & 0 \end{pmatrix}$ とする.

(1) 行列 A の固有値を求めよ.

(2) 行列 A を適当な直交行列 P で対角化せよ（対角化に用いた P も明示せよ）.

(3) 3 つの行列の積　$(x\ y\ z)A \begin{pmatrix} x \\ y \\ z \end{pmatrix}$　を計算せよ.

(4) 2 次形式 $f(x,y,z) = 3x^2 + 3y^2 - 8xy + 4xz - 4yz$ を直交行列により標準形に直せ.

関 連 図 書

[1] 有馬哲・石村貞夫，よくわかる線型代数，東京図書 (1986).

[2] 藤井一幸（編），数理の玉手箱，遊星社 (2010).

[3] 硲野敏博・原裕子・山辺元雄，理工系の入門線形代数，学術図書出版社 (1997).

[4] 筧三郎，工科系線形代数 [新訂版]，数理工学社 (2014).

[5] 三宅敏恒，線形代数学 —初歩からジョルダン標準形へ—，培風館 (2008).

[6] 長澤壯之編著，理工学のための線形代数，培風館 (2013).

[7] 西村強，数学基礎 代数入門，東京教学社 (2006).

[8] 西尾克義，理工系のための線形代数，学術図書出版社 (2003).

[9] 坂田ひろし・曽布川拓也，基本 線形代数，サイエンス社 (2005).

[10] 佐竹一郎，線形代数学，数学選書 1，裳華房 (1974).

[11] 米田元・本間泰史・高橋大輔，大学新入生のための基礎数学，サイエンス社 (2010).

　本書を執筆するにあたり，上記の書物を参考にさせていただいた．ここに記して，深く感謝の意を表したい．

解答

問 1.1　$\dfrac{2}{5} - \dfrac{1}{5}i$,　実部 $\dfrac{2}{5}$,　虚部 $-\dfrac{1}{5}$,　共役複素数 $\dfrac{2}{5} + \dfrac{1}{5}i$,　絶対値 $\dfrac{1}{\sqrt{5}}$

問 1.2　(1) $\sqrt{2}\left(\cos\dfrac{\pi}{4} + i\sin\dfrac{\pi}{4}\right)$　　(2) $2\left(\cos\dfrac{2}{3}\pi + i\sin\dfrac{2}{3}\pi\right)$

(3) $\cos\dfrac{\pi}{2} + i\sin\dfrac{\pi}{2}$

問 1.3　(1) $n = 1$ のとき明らか. $n = k$ のとき成り立つと仮定すると,
$$
\begin{aligned}
(\cos\theta + i\sin\theta)^{k+1} &= (\cos\theta + i\sin\theta)^{k}(\cos\theta + i\sin\theta) \\
&= (\cos k\theta + i\sin k\theta)(\cos\theta + i\sin\theta) \\
&= \cos k\theta\cos\theta - \sin k\theta\sin\theta \\
&\quad + i(\sin k\theta\cos\theta + \cos k\theta\sin\theta) \\
&= \cos(k+1)\theta + i\sin(k+1)\theta
\end{aligned}
$$
よって, $n = k + 1$ のときも成り立つ.
(2) $n = 0$ のとき,
$$
(\cos\theta + i\sin\theta)^{0} = 1, \quad \cos 0 + i\sin 0 = 1
$$
より成り立つ. $n = -m$ (m は正の整数) とするとき,
$$
\begin{aligned}
(\cos\theta + i\sin\theta)^{n} &= (\cos\theta + i\sin\theta)^{-m} \\
&= \frac{1}{(\cos\theta + i\sin\theta)^{m}} \\
&= \frac{1}{\cos m\theta + i\sin m\theta} \\
&= \frac{\cos m\theta - i\sin m\theta}{(\cos m\theta + i\sin m\theta)(\cos m\theta - i\sin m\theta)} \\
&= \cos m\theta - i\sin m\theta \\
&= \cos(-m)\theta + i\sin(-m)\theta \\
&= \cos n\theta + i\sin n\theta
\end{aligned}
$$

問 1.4　(1)　$\left(e^{i\theta}\right)^{-1} = \dfrac{1}{\cos\theta + i\sin\theta} = \cos\theta - i\sin\theta = e^{-i\theta} = \overline{e^{i\theta}}$

(2)　$e^{i\theta} = \cos\theta + i\sin\theta$ と $e^{-i\theta} = \cos\theta - i\sin\theta$ を足して 2 で割ると $\cos\theta = \dfrac{e^{i\theta} + e^{-i\theta}}{2}$ が得られる．また引いて $2i$ で割ると $\sin\theta = \dfrac{e^{i\theta} - e^{-i\theta}}{2i}$ が得られる．

問 1.5　(1)　$\begin{cases} x = 2 + 5t \\ y = 3t \\ z = -1 + 4t \end{cases}$ （t は任意の実数），　$\dfrac{x-2}{5} = \dfrac{y}{3} = \dfrac{z+1}{4}$

(2)　$\begin{cases} x = -2 + 3t \\ y = 1 - 2t \\ z = 2 + t \end{cases}$ （t は任意の実数），　$\dfrac{x+2}{3} = \dfrac{y-1}{-2} = z - 2$

問 1.6　(1)　$3x + 5y - 4z - 14 = 0$

(2)　$\begin{cases} x = t \\ y = 1 - 2t \\ z = t \end{cases}$ （t は任意の実数）

問 1.7　(1)　$(x-3)^2 + (y-2)^2 + (z+5)^2 = 16$
(2)　$(x-1)^2 + (y+2)^2 + (z-3)^2 = 21$

第 1 章の演習問題

1.1　(1)　$r = \sqrt{2}$, $\theta = \dfrac{3\pi}{4}$　(2)　-4, $8i$　(3)　$\omega^2 = \dfrac{-1 - \sqrt{3}i}{2}$, ω は $z^3 - 1 = (z-1)(z^2 + z + 1) = 0$ の $z \neq 1$ なる解である．

1.2
(1)　$\begin{cases} x = 1 + t \\ y = -2 + 6t \\ z = 3 - 7t \end{cases}$ （t は任意の実数）　(2)　$\begin{cases} x = 3t \\ y = 1 - 2t \\ z = 5 \end{cases}$ （t は任意の実数）

1.3　(1)　$x + y + z = 1$　(2)　$x - 6y - 5z + 2 = 0$

1.4　(1)　$\begin{cases} x = -11t + 8 \\ y = 3t - 1 \\ z = t \end{cases}$ （t は任意の実数）　(2)　$x = -3, y = 2, z = 1$

1.5　(1)　$(x-1)^2 + (y-2)^2 + (z+1)^2 = 33$　(2)　$x^2 + y^2 + z^2 - 2x - 2y - 2z - 2 = 0$

第 2 章の問

問 2.1 $A = \begin{pmatrix} a_{11} & a_{12} & a_{13} \\ a_{21} & a_{22} & a_{23} \end{pmatrix}$

問 2.2 $a = 3, b = 2, u = -3, v = 1$

問 2.3 (1) $\begin{pmatrix} -2 \\ 5 \end{pmatrix}$ (2) $\begin{pmatrix} 2 & 6 \\ 3 & 0 \end{pmatrix}$

問 2.4 (1) $\begin{pmatrix} 2 & -4 \\ 8 & 6 \end{pmatrix}$ (2) $\begin{pmatrix} 3x & 3 \\ 3y & -9 \\ 3z & 6 \end{pmatrix}$

問 2.5 (1) $\begin{pmatrix} 24 & -7 \\ 3 & 11 \end{pmatrix}$ (2) $\begin{pmatrix} 21 & 2 \\ 1 & -5 \end{pmatrix}$

問 2.6 (1) $\begin{pmatrix} -1 \\ 0 \end{pmatrix}$ (2) $\begin{pmatrix} 4 \\ 1 \end{pmatrix}$

問 2.7 (1) $\begin{pmatrix} -1 & 1 \\ 0 & -2 \end{pmatrix}$ (2) $\begin{pmatrix} 4 & 3 \\ 1 & -2 \end{pmatrix}$

問 2.8 $\begin{pmatrix} -5 & 3 & 11 & 15 \\ -7 & 4 & 9 & 23 \\ 0 & 0 & 23 & 6 \\ 0 & 0 & -4 & 2 \end{pmatrix}$

問 2.9 A, E, O を成分で表して計算すれば示せる.

問 2.10 (1) $A^2 = \begin{pmatrix} 1 & 2a \\ 0 & 1 \end{pmatrix}$, $A^3 = \begin{pmatrix} 1 & 3a \\ 0 & 1 \end{pmatrix}$, $A^4 = \begin{pmatrix} 1 & 4a \\ 0 & 1 \end{pmatrix}$
(2) $A^2 = \begin{pmatrix} a^2 & 0 \\ 0 & b^2 \end{pmatrix}$, $A^3 = \begin{pmatrix} a^3 & 0 \\ 0 & b^3 \end{pmatrix}$, $A^4 = \begin{pmatrix} a^4 & 0 \\ 0 & b^4 \end{pmatrix}$

問 2.11 (1) $A^2 - B^2 = \begin{pmatrix} -7 & -5 \\ 0 & -2 \end{pmatrix}$ (2) $(A+B)(A-B) = \begin{pmatrix} -5 & -4 \\ -2 & -4 \end{pmatrix}$
(3) $A^2 - AB + BA - B^2 = \begin{pmatrix} -5 & -4 \\ -2 & -4 \end{pmatrix}$.

よって, $A^2 - B^2 \neq (A+B)(A-B)$ であり, $(A+B)(A-B) = A^2 - AB + BA - B^2$ である.

問 2.12　$A^{-1} = \begin{pmatrix} -2 & 1 \\ 3/2 & -1/2 \end{pmatrix}$

問 2.13　成分を代入して計算すれば示せる.

問 2.14　$A^2 - 4A + 3E = O$ より, $A^2 = 4A - 3E = \begin{pmatrix} 5 & 4 \\ 4 & 5 \end{pmatrix}$, $A^3 = 4A^2 - 3A = 4(4A - 3E) - 3A = 13A - 12E = \begin{pmatrix} 14 & 13 \\ 13 & 14 \end{pmatrix}$, $A^4 = 13A^2 - 12A = 13(4A - 3E) - 12A = 40A - 39E = \begin{pmatrix} 41 & 40 \\ 40 & 41 \end{pmatrix}$.

問 2.15
$$ {}^t(A + {}^tA) = {}^tA + {}^t({}^tA) = {}^tA + A = A + {}^tA $$
より $A + {}^tA$ は対称行列. また,
$$ {}^t(A - {}^tA) = {}^tA - {}^t({}^tA) = {}^tA - A = -(A - {}^tA) $$
より $A - {}^tA$ は交代行列である.

問 2.16　${}^tRR = \begin{pmatrix} \cos\theta & \sin\theta \\ -\sin\theta & \cos\theta \end{pmatrix} \begin{pmatrix} \cos\theta & -\sin\theta \\ \sin\theta & \cos\theta \end{pmatrix}$
$= \begin{pmatrix} \cos^2\theta + \sin^2\theta & 0 \\ 0 & \cos^2\theta + \sin^2\theta \end{pmatrix} = \begin{pmatrix} 1 & 0 \\ 0 & 1 \end{pmatrix}$. $R^tR = E$ も同様に示せる.

問 2.17　$\begin{pmatrix} -5 & 3 & 11 & 15 \\ -7 & 4 & 9 & 23 \\ 0 & 0 & 23 & 6 \\ 0 & 0 & -4 & 2 \end{pmatrix}$

第 2 章の演習問題

2.1　(1) $\begin{pmatrix} 7 \\ 5 \end{pmatrix}$　(2) $\begin{pmatrix} 10 & -5 \\ 9 & -1 \end{pmatrix}$　(3) $\begin{pmatrix} 7 & 0 \\ 0 & 7 \end{pmatrix}$　(4) $\begin{pmatrix} 2 \\ -5 \end{pmatrix}$

(5) $\begin{pmatrix} 7 & -6 \end{pmatrix}$　(6) $ax^2 + 2bxy + cy^2$

2.2 (1) $\begin{pmatrix} 2 & 0 \\ 0 & 2 \end{pmatrix}$ (2) $|A| = 2$ (3) $A^{-1} = \dfrac{1}{2}\begin{pmatrix} -1 & 2 \\ -3 & 4 \end{pmatrix}$

2.3 (1) $\begin{pmatrix} -1 & 5 \\ 1 & 7 \end{pmatrix}$ (2) $\begin{pmatrix} -1 & 1 \\ 5 & 7 \end{pmatrix}$ (3) $\begin{pmatrix} 2 & 1 \\ 1 & 2 \end{pmatrix}$ (4) $\begin{pmatrix} -1 & 1 \\ 5 & 7 \end{pmatrix}$
(5) $\begin{pmatrix} -1 & 3 \\ 3 & 7 \end{pmatrix}$

2.4 (1) (i) $a = -2$ (ii) $a = 3, b = 1, c = 6$

(2) $^tX = -X$ より $a = -a,\ c = -b,\ b = -c,\ d = -d$. よって, $a = d = 0,\ c = -b$.

2.5 (1) $\begin{pmatrix} 1 & -1 & 1 \\ -1 & 1 & -1 \\ 1 & -1 & 1 \end{pmatrix}$ (2) $\begin{pmatrix} 1 & 0 & 0 \\ 0 & 1 & 0 \\ 0 & 0 & 1 \end{pmatrix}$ (3) $\begin{pmatrix} 0 & 0 & 0 \\ 1 & 0 & 0 \\ 0 & 1 & 0 \end{pmatrix}$

2.6 正方行列 A に対し,
$$A = \frac{1}{2}(A + {}^tA) + \frac{1}{2}(A - {}^tA)$$
であり, $\frac{1}{2}(A + {}^tA)$ は対称行列, $\frac{1}{2}(A - {}^tA)$ は交代行列である.

2.7 A は対称行列だから ${}^tA = A$, かつ A は交代行列だから ${}^tA = -A$. よって $A = -A$ となる. これより $A = O$.

2.8 $x = 2,\ y = -1$.

2.9 $a = c$ のとき可換, $a \neq c$ のとき非可換.

2.10 $A^2 = \left(\begin{array}{cc|cc} 1 & 2a & 0 & 0 \\ 0 & 1 & 0 & 0 \\ \hline 0 & 0 & 1 & 2b \\ 0 & 0 & 0 & 1 \end{array}\right)$, $A^3 = \left(\begin{array}{cc|cc} 1 & 3a & 0 & 0 \\ 0 & 1 & 0 & 0 \\ \hline 0 & 0 & 1 & 3b \\ 0 & 0 & 0 & 1 \end{array}\right)$.

第 3 章の問

問 3.1 (1) $x_1 = 1, x_2 = 2, x_3 = 3$
(2) $x_1 = c + 2, x_2 = -2c - 1, x_3 = c$ (c は任意定数)

問 3.2 公式 (2.3) を用いて計算すればよい.

問 3.3 (1) 2 (2) 2 (3) 1

問 3.4 $\mathrm{rank}\,(\tilde{A}) = \mathrm{rank}\,(A) = 2$ の場合, 方程式の解は一意である.

$\mathrm{rank}\,(\tilde{A}) = \mathrm{rank}\,(A) = 1 < 2$ の場合, 方程式は解をもち, 解の自由度は $2-1=1$ である.

$\mathrm{rank}\,(\tilde{A}) = 2 > 1 = \mathrm{rank}\,(A)$ の場合, 方程式は解をもたない.

問 3.5 (1) $A\boldsymbol{x} = \boldsymbol{0}$ が自明でない解をもつとする. もし A の逆行列 A^{-1} が存在するならば, それを左から掛けることで $\boldsymbol{x} = \boldsymbol{0}$ となってしまう. よって A^{-1} は存在せず, $|A| = 0$. 逆に $|A| = 0$ のとき, 掃き出し法で A の階数を計算すると $\mathrm{rank}\,(A) < n$ となる. $A\boldsymbol{x} = \boldsymbol{0}$ は明らかに自明な解 $\boldsymbol{x} = \boldsymbol{0}$ をもつので, 解なしではなく無数に多くの解をもつ. よって自明でない解をもつ.
(2) は (1) の対偶である.

問 3.6 (1) $\begin{pmatrix} 2 & 1 & -1 \\ -1 & -3 & 2 \\ 0 & 2 & -1 \end{pmatrix}$ (2) $\begin{pmatrix} -3 & 2 & -2 \\ 2 & -1 & 1 \\ 6 & -3 & 4 \end{pmatrix}$

第 3 章の演習問題

3.1 (1) $x_1 = 1, x_2 = 2$
(2) $x_1 = c, x_2 = -2c + 1$ (c は任意定数)
(3) $x_1 = 3, x_2 = 1, x_3 = -2$
(4) $x_1 = -c + 3/2, x_2 = -c - 1/2, x_3 = 2c$ (c は任意定数)
(5) $x_1 = 2c_1 - c_2 + 2, x_2 = c_1, x_3 = c_2$ (c_1, c_2 は任意定数)

3.2 (1) 3 (2) 1 (3) 2 (4) 2

3.3 (1) $a = 15, x_1 = -2c + 5, x_2 = c$ (c は任意定数)
(2) $a = -4, x_1 = c - 8, x_2 = -2c + 5, x_3 = c$ (c は任意定数)
(3) $a = 8, x_1 = -c + 2, x_2 = -2c + 1, x_3 = c$ (c は任意定数)

3.4 定理 3.3 より, 係数行列 A に対し, $\mathrm{rank}\,A < 3$ となる条件を求めればよい.
(1) $a = 2$ (2) $a = 6$

3.5 (1) $\dfrac{1}{4}\begin{pmatrix} 3 & 2 & 1 \\ 2 & 4 & 2 \\ 1 & 2 & 3 \end{pmatrix}$ (2) $\begin{pmatrix} 1 & 0 & 0 & 0 \\ -a & 1 & 0 & 0 \\ ab & -b & 1 & 0 \\ -abc & bc & -c & 1 \end{pmatrix}$

第4章の問

問 4.1 (1) -2 (2) 6 (3) 4

問 4.2 (1) -10 (2) 1

問 4.3 図 4.1 と同様に考えて，横棒を上から順に左側，右側，左側と引けばよい．よって横棒は 3 本で奇数である．

問 4.4 $|A| = \pm 1$

問 4.5 -3

問 4.6 (1) 正則で，逆行列は $\begin{pmatrix} 2 & -1 & 1 \\ -2 & 1 & -2 \\ -3 & 1 & -2 \end{pmatrix}$ (2) 正則でない

問 4.7 (1) $x_1 = 3,\ x_2 = -1$ (2) $x_1 = 3,\ x_2 = -2,\ x_3 = 1$

第4章の演習問題

4.1 (1) 6 (2) 0 (3) $ax^2 + bx + c$ (4) 5 (5) 0

4.2 (1) $\begin{pmatrix} ax + bu & ay + bv \\ cx + du & cy + dv \end{pmatrix}$ (2) $(ad - bc)(xv - yu)$

4.3 (1) $(b-a)(c-a)(c-b)(a+b+c)$ (2) $2(b-a)(c-a)(c-b)$
(3) $-2a(b-a)^3$ (4) $(2abc)^2$

4.4 (1) $|cA| = \det(c\boldsymbol{a}_1, \cdots, c\boldsymbol{a}_n) = c^n \det(\boldsymbol{a}_1, \cdots, \boldsymbol{a}_n) = c^n |A|$
(2) $|X| = |{}^tX| = |-X| = (-1)^n |X| = -|X|$ より $|X| = 0$ となる．

4.5 (1) $\begin{pmatrix} 2 & 1 & -1 \\ -1 & -3 & 2 \\ 0 & 2 & -1 \end{pmatrix}$ (2) $\begin{pmatrix} 1 & 0 & 0 & 0 \\ -a & 1 & 0 & 0 \\ ab & -b & 1 & 0 \\ -abc & bc & -c & 1 \end{pmatrix}$

4.6 3 列目から 1 列目の $-d/a$ 倍，および 2 列目の b/a 倍を引き，4 列目から 1 列目の $-e/a$ 倍，および 2 列目の c/a 倍を引くと，

$$
\text{左辺} = \begin{vmatrix} 0 & a & 0 & 0 \\ -a & 0 & 0 & 0 \\ -b & -d & 0 & \frac{af-be+cd}{a} \\ -c & -e & -\frac{af-be+cd}{a} & 0 \end{vmatrix} = a^2 \cdot \frac{(af - be + cd)^2}{a^2} = (af - be + cd)^2
$$

4.7 (1) まず 1 列目で展開して 3 次の行列式の和として，さらにその 1 列目で展開すればよい．

(2) 転置行列の行列式を考えることよりどちらか一方を示せばよいので最初の式を示す．E_m を m 次単位行列とし，

$$\begin{pmatrix} A & C \\ O & B \end{pmatrix} = \begin{pmatrix} E_m & O \\ O & B \end{pmatrix} \begin{pmatrix} A & C \\ O & E_n \end{pmatrix}$$ という分解を使うと，

$$\begin{vmatrix} A & C \\ O & B \end{vmatrix} = \begin{vmatrix} E_m & O \\ O & B \end{vmatrix} \begin{vmatrix} A & C \\ O & E_n \end{vmatrix}$$

ここで，1 列目に関する展開を繰り返し用いて，

$$\begin{vmatrix} E_m & O \\ O & B \end{vmatrix} = \begin{vmatrix} E_{m-1} & O \\ O & B \end{vmatrix} = \cdots = |B|$$

同様に一番最後の列に関する展開を繰り返し用いて，$\begin{vmatrix} A & C \\ O & E_n \end{vmatrix} = |A|$ が成り立つことから示される．

4.8 (1) 条件より次の連立方程式を得る．

$$\begin{cases} y_1 = Ax_1{}^2 + Bx_1 + C \\ y_2 = Ax_2{}^2 + Bx_2 + C \\ y_3 = Ax_3{}^2 + Bx_3 + C \end{cases}$$

これを行列で書きなおすと

$$\begin{pmatrix} x_1{}^2 & x_1 & 1 \\ x_2{}^2 & x_2 & 1 \\ x_3{}^2 & x_3 & 1 \end{pmatrix} \begin{pmatrix} A \\ B \\ C \end{pmatrix} = \begin{pmatrix} y_1 \\ y_2 \\ y_3 \end{pmatrix}$$

係数行列（ファンデルモンド行列の転置）の行列式は差積 $(x_1 - x_2)(x_1 - x_3)(x_2 - x_3)$ で，x_1, x_2, x_3 がすべて相異なるのでこの行列式は 0 でなく，逆行列が存在するので，

$$\begin{pmatrix} A \\ B \\ C \end{pmatrix} = \begin{pmatrix} x_1{}^2 & x_1 & 1 \\ x_2{}^2 & x_2 & 1 \\ x_3{}^2 & x_3 & 1 \end{pmatrix}^{-1} \begin{pmatrix} y_1 \\ y_2 \\ y_3 \end{pmatrix}$$

この式の転置をとれば，求める式が得られる．

(2) この逆行列は余因子を用いて計算するのがよい．

$$\begin{pmatrix} x_1{}^2 & x_2{}^2 & x_3{}^2 \\ x_1 & x_2 & x_3 \\ 1 & 1 & 1 \end{pmatrix}^{-1} = \frac{1}{(x_1 - x_2)(x_1 - x_3)(x_2 - x_3)}$$

$$\times \begin{pmatrix} x_2 - x_3 & -(x_2 - x_3)(x_2 + x_3) & (x_2 - x_3)x_2x_3 \\ -(x_1 - x_3) & (x_1 - x_3)(x_1 + x_3) & -(x_1 - x_3)x_1x_3 \\ x_1 - x_2 & -(x_1 - x_2)(x_1 + x_2) & (x_1 - x_2)x_1x_2 \end{pmatrix}.$$

これを用いると，たとえば $\begin{pmatrix} x_1{}^2 & x_2{}^2 & x_3{}^2 \\ x_1 & x_2 & x_3 \\ 1 & 1 & 1 \end{pmatrix}^{-1} \begin{pmatrix} x^2 \\ x \\ 1 \end{pmatrix}$ の 1 行目は，

$$\frac{x^2 - (x_2 + x_3)x + x_2 x_3}{(x_1 - x_2)(x_1 - x_3)} = \frac{(x - x_2)(x - x_3)}{(x_1 - x_2)(x_1 - x_3)}$$

となる．

第 5 章の問

問 5.1　例 5.4:　$m \times n$ 実行列 $A = (a_{ij})$, $B = (b_{ij})$ と実数 c に対して，$A + B = (a_{ij} + b_{ij})$, $cA = (ca_{ij})$ はともに $m \times n$ 実行列で，線形空間の性質 (1) から (8) をみたすことが示される．

例 5.5:　実数を係数とする多項式 $p(x)$, $q(x)$ と実数 c に対して，通常の多項式の和 $p(x) + q(x)$ と定数倍 $cp(x)$ はともに実数を係数とする多項式で，線形空間の性質 (1) から (8) をみたすことが示される．

問 5.2　$\mathbf{0} = \begin{pmatrix} 0 \\ 0 \\ 0 \end{pmatrix}$ は $0 + 2 \cdot 0 - 0 = 0$ より $\mathbf{0} \in W$ なので，W は空集合ではない．

次に $\boldsymbol{x}_1 = \begin{pmatrix} x_1 \\ y_1 \\ z_1 \end{pmatrix}$, $\boldsymbol{x}_2 = \begin{pmatrix} x_2 \\ y_2 \\ z_2 \end{pmatrix}$ が W の任意の元，つまり

$$x_1 + 2y_1 - z_1 = 0, \quad x_2 + 2y_2 - z_2 = 0$$

とする．このとき，

$$(x_1 + x_2) + 2(y_1 + y_2) - (z_1 + z_2) = (x_1 + 2y_1 - z_1) + (x_2 + 2y_2 - z_2)$$
$$= 0 + 0 = 0$$

より $\boldsymbol{x}_1 + \boldsymbol{x}_2 \in W$ である．

また，W の任意の元 $\boldsymbol{x} = \begin{pmatrix} x \\ y \\ z \end{pmatrix}$ と $c \in \mathbf{R}$ に対して $c\boldsymbol{x} = \begin{pmatrix} cx \\ cy \\ cz \end{pmatrix}$ であり，

$$(cx) + 2(cy) - (cz) = c(x + 2y - z) = c \cdot 0 = 0$$

より $c\boldsymbol{x} \in W$．

問 5.3　(1)　$x_1 = \frac{1}{2}(p + q)$, $x_2 = \frac{1}{2}(p + r)$, $x_3 = \frac{1}{2}(q + r)$ より，

$$\boldsymbol{v} = \frac{1}{2}(p + q)\boldsymbol{v}_1 + \frac{1}{2}(p + r)\boldsymbol{v}_2 + \frac{1}{2}(q + r)\boldsymbol{v}_3$$

(2) (1) と同様に連立 1 次方程式を解くことにより, $x_1 \boldsymbol{v}_1 + x_2 \boldsymbol{v}_2 + x_3 \boldsymbol{v}_3 = \boldsymbol{0}$ の解は $x_1 = x_2 = x_3 = 0$ しかない. よって $\boldsymbol{v}_1, \boldsymbol{v}_2, \boldsymbol{v}_3$ は 1 次独立である.

(3) $\mathbf{R}^3$ の任意の元 $\boldsymbol{v}$ は (1) の結果より $\boldsymbol{v}_1, \boldsymbol{v}_2, \boldsymbol{v}_3$ の 1 次結合で表される. よって, $\boldsymbol{v}_1, \boldsymbol{v}_2, \boldsymbol{v}_3$ は $\mathbf{R}^3$ を生成する.

問 5.4 成分を使って (1) から (4) を確かめればよい.

問 5.5 $(A\boldsymbol{a}) \cdot \boldsymbol{b} = {}^t(A\boldsymbol{a})\boldsymbol{b} = {}^t\boldsymbol{a}\,{}^tA\boldsymbol{b} = \boldsymbol{a} \cdot ({}^tA\boldsymbol{b})$

問 5.6 余弦定理より

$$||\boldsymbol{a} - \boldsymbol{b}||^2 = ||\boldsymbol{a}||^2 + ||\boldsymbol{b}||^2 - 2||\boldsymbol{a}||\,||\boldsymbol{b}||\cos\theta$$

よって,

$$\boldsymbol{a} \cdot \boldsymbol{b} = \frac{1}{2}(||\boldsymbol{a}||^2 + ||\boldsymbol{b}||^2 - ||\boldsymbol{a} - \boldsymbol{b}||^2) = ||\boldsymbol{a}||\,||\boldsymbol{b}||\cos\theta$$

問 5.7 (1) $\dfrac{1}{\sqrt{2}}\begin{pmatrix} 1 \\ -1 \\ 0 \end{pmatrix}, \dfrac{1}{3}\begin{pmatrix} 2 \\ 2 \\ -1 \end{pmatrix}, \dfrac{1}{3\sqrt{2}}\begin{pmatrix} 1 \\ 1 \\ 4 \end{pmatrix}$

(2) $\dfrac{1}{3}\begin{pmatrix} 1 \\ 2 \\ 2 \end{pmatrix}, \dfrac{1}{3}\begin{pmatrix} 2 \\ -2 \\ 1 \end{pmatrix}, \dfrac{1}{3}\begin{pmatrix} 2 \\ 1 \\ -2 \end{pmatrix}$

問 5.8 (1) $\boldsymbol{b} \times \boldsymbol{a} = \begin{vmatrix} \boldsymbol{e}_1 & \boldsymbol{e}_2 & \boldsymbol{e}_3 \\ b_1 & b_2 & b_3 \\ a_1 & a_2 & a_3 \end{vmatrix} = - \begin{vmatrix} \boldsymbol{e}_1 & \boldsymbol{e}_2 & \boldsymbol{e}_3 \\ a_1 & a_2 & a_3 \\ b_1 & b_2 & b_3 \end{vmatrix} = -\boldsymbol{a} \times \boldsymbol{b}$

(2) $\boldsymbol{e}_1 \times \boldsymbol{e}_2 = \begin{vmatrix} \boldsymbol{e}_1 & \boldsymbol{e}_2 & \boldsymbol{e}_3 \\ 1 & 0 & 0 \\ 0 & 1 & 0 \end{vmatrix} = \boldsymbol{e}_3$　　他も同様に示せる.

問 5.9 変換式が $\begin{pmatrix} x' \\ y' \end{pmatrix} = \begin{pmatrix} y \\ x \end{pmatrix} = \begin{pmatrix} 0 & 1 \\ 1 & 0 \end{pmatrix}\begin{pmatrix} x \\ y \end{pmatrix}$ であるから, この変換は線形変換であり, それを表す行列は $\begin{pmatrix} 0 & 1 \\ 1 & 0 \end{pmatrix}$, その行列式は -1 で負の値である.

問 5.10 f が単射とすると,

$$f(\boldsymbol{x}) = f(\boldsymbol{y}) \Rightarrow \boldsymbol{x} = \boldsymbol{y}.$$

特に $\boldsymbol{y} = \boldsymbol{0}$ とすると $f(\boldsymbol{0}) = \boldsymbol{0}$ より

$$f(\boldsymbol{x}) = \boldsymbol{0} \Rightarrow \boldsymbol{x} = \boldsymbol{0}.$$

つまり Ker $f = \{\mathbf{0}\}$ である.

逆に Ker $f = \{\mathbf{0}\}$ のとき $f(\boldsymbol{x}) = f(\boldsymbol{y})$ と仮定すると,

$$0 = f(\boldsymbol{x}) - f(\boldsymbol{y}) = f(\boldsymbol{x} - \boldsymbol{y})$$

よって $\boldsymbol{x} - \boldsymbol{y} \in$ Ker $f = \{\mathbf{0}\}$ より $\boldsymbol{x} - \boldsymbol{y} = \mathbf{0}$, つまり $\boldsymbol{x} = \boldsymbol{y}$ が導かれるので f は単射である.

問 5.11 (1) rank $A = 1$ (2) $\begin{pmatrix} x_1 \\ x_2 \end{pmatrix} = c \begin{pmatrix} 1 \\ 2 \end{pmatrix}$ (c は任意定数)

(3) Ker $f_A = \left\langle \begin{pmatrix} 1 \\ 2 \end{pmatrix} \right\rangle$, Im $f_A = \left\langle \begin{pmatrix} -1 \\ 2 \end{pmatrix} \right\rangle$ (4) たとえば $\begin{pmatrix} x_1 \\ x_2 \end{pmatrix} = \begin{pmatrix} 1 \\ 0 \end{pmatrix}$

がすぐ見つかるので, (2) の結果と合わせて, $\begin{pmatrix} x_1 \\ x_2 \end{pmatrix} = \begin{pmatrix} 1 \\ 0 \end{pmatrix} + c \begin{pmatrix} 1 \\ 2 \end{pmatrix}$ (c は

任意定数) (5) $\boldsymbol{b}_1 = 3 \begin{pmatrix} -1 \\ 2 \end{pmatrix} \in$ Im f_A より, $A\boldsymbol{x} = \boldsymbol{b}_1$ は解をもつ. また, $\boldsymbol{b}_2$

は $\begin{pmatrix} -1 \\ 2 \end{pmatrix}$ の定数倍にはなりえず, $\boldsymbol{b}_2 \notin$ Im f_A. よって $A\boldsymbol{x} = \boldsymbol{b}_2$ は解をもたない.

問 5.12 (1) rank $A = 2$ (例 5.9 を参照) (2) $\begin{pmatrix} x_1 \\ x_2 \\ x_3 \end{pmatrix} = c \begin{pmatrix} 1 \\ -2 \\ 1 \end{pmatrix}$

(c は任意定数) (3) Ker $f_A = \left\langle \begin{pmatrix} 1 \\ -2 \\ 1 \end{pmatrix} \right\rangle$, Im $f_A = \left\langle \begin{pmatrix} 1 \\ 4 \\ 7 \end{pmatrix}, \begin{pmatrix} 2 \\ 5 \\ 8 \end{pmatrix} \right\rangle =$

$$\left[3 \text{点} \begin{pmatrix} 1 \\ 4 \\ 7 \end{pmatrix}, \begin{pmatrix} 2 \\ 5 \\ 8 \end{pmatrix}, \begin{pmatrix} 0 \\ 0 \\ 0 \end{pmatrix} \text{を通る平面} \right] = \left\{ \begin{pmatrix} x_1 \\ x_2 \\ x_3 \end{pmatrix} \middle| x_1 - 2x_2 + x_3 = 0 \right\}$$

(4) たとえば $\begin{pmatrix} x_1 \\ x_2 \\ x_3 \end{pmatrix} = \begin{pmatrix} 1 \\ 0 \\ 0 \end{pmatrix}$ がすぐ見つかるので, (2) の結果と合わせて,

$\begin{pmatrix} x_1 \\ x_2 \\ x_3 \end{pmatrix} = \begin{pmatrix} 1 \\ 0 \\ 0 \end{pmatrix} + c \begin{pmatrix} 1 \\ -2 \\ 1 \end{pmatrix}$ (c は任意定数) (5) (3) より Im f_A は原点を

通る平面 $x_1 - 2x_2 + x_3 = 0$ であるので, $1 - 2 \cdot 0 + (-1) = 0$, $1 - 2 \cdot 1 + 0 = -1 \neq 0$ より $\boldsymbol{b}_1 \in$ Im f_A, $\boldsymbol{b}_2 \notin$ Im f_A. よって $A\boldsymbol{x} = \boldsymbol{b}_1$ は解をもつ. また $A\boldsymbol{x} = \boldsymbol{b}_2$ は解をもたない.

問 5.13 (1) $A = \begin{pmatrix} 3 & 7 \\ 3 & 8 \end{pmatrix}$ (2) $f(\boldsymbol{e}_1) = \boldsymbol{w}_1' + \boldsymbol{w}_2',\ f(\boldsymbol{e}_2) = 2\boldsymbol{w}_1' + 3\boldsymbol{w}_2'$

(3) (2) より，$(f(\boldsymbol{e}_1), f(\boldsymbol{e}_2)) = (\boldsymbol{w}_1', \boldsymbol{w}_2') \begin{pmatrix} 1 & 2 \\ 1 & 3 \end{pmatrix}$. よって，$B = \begin{pmatrix} 1 & 2 \\ 1 & 3 \end{pmatrix}$.

(4) $\boldsymbol{w}_1' = 2\boldsymbol{e}_1 + \boldsymbol{e}_2,\ \boldsymbol{w}_2' = \boldsymbol{e}_1 + 2\boldsymbol{e}_2$ より，$(\boldsymbol{w}_1', \boldsymbol{w}_2') = (\boldsymbol{e}_1, \boldsymbol{e}_2) \begin{pmatrix} 2 & 1 \\ 1 & 2 \end{pmatrix}$ であるか

ら $Q = \begin{pmatrix} 2 & 1 \\ 1 & 2 \end{pmatrix}$. このとき，$Q^{-1}AP = \dfrac{1}{3} \begin{pmatrix} 2 & -1 \\ -1 & 2 \end{pmatrix} \begin{pmatrix} 3 & 7 \\ 3 & 8 \end{pmatrix} \begin{pmatrix} 1 & 0 \\ 0 & 1 \end{pmatrix}$

$= \begin{pmatrix} 1 & 2 \\ 1 & 3 \end{pmatrix} = B.$

問 5.14

(1)
$$T(\boldsymbol{x}) \cdot T(\boldsymbol{x}) = \left(\boldsymbol{x} - \frac{2(\boldsymbol{x} \cdot \boldsymbol{a})}{(\boldsymbol{a} \cdot \boldsymbol{a})} \boldsymbol{a} \right) \cdot \left(\boldsymbol{x} - \frac{2(\boldsymbol{x} \cdot \boldsymbol{a})}{(\boldsymbol{a} \cdot \boldsymbol{a})} \boldsymbol{a} \right)$$
$$= \boldsymbol{x} \cdot \boldsymbol{x} - \frac{4(\boldsymbol{x} \cdot \boldsymbol{a})}{(\boldsymbol{a} \cdot \boldsymbol{a})} (\boldsymbol{x} \cdot \boldsymbol{a}) + \frac{4(\boldsymbol{x} \cdot \boldsymbol{a})^2}{(\boldsymbol{a} \cdot \boldsymbol{a})^2} (\boldsymbol{a} \cdot \boldsymbol{a})$$
$$= \boldsymbol{x} \cdot \boldsymbol{x}$$

(2) $\begin{pmatrix} x \\ y \end{pmatrix} - \dfrac{2(tx - y)}{t^2 + 1} \begin{pmatrix} t \\ -1 \end{pmatrix} = \begin{pmatrix} \frac{1-t^2}{1+t^2} & \frac{2t}{1+t^2} \\ \frac{2t}{1+t^2} & -\frac{1-t^2}{1+t^2} \end{pmatrix} \begin{pmatrix} x \\ y \end{pmatrix}$

より，$P = \begin{pmatrix} \frac{1-t^2}{1+t^2} & \frac{2t}{1+t^2} \\ \frac{2t}{1+t^2} & -\frac{1-t^2}{1+t^2} \end{pmatrix} = \begin{pmatrix} \cos\theta & \sin\theta \\ \sin\theta & -\cos\theta \end{pmatrix}.$

第 5 章の演習問題

5.1 部分空間のもの：(1), (3), (5)　部分空間でないもの：(2), (4)

5.2 部分空間のもの：(1), (3)　部分空間でないもの：(2)

5.3 (1) 1 次独立　(2) 1 次従属　(3) 1 次独立　(4) 1 次従属

5.4 掃き出し法を用いて階段行列に変形すると，

$$(\boldsymbol{a}_1 \boldsymbol{a}_2 \boldsymbol{a}_3 \boldsymbol{a}_4) \rightarrow \begin{pmatrix} 1 & 0 & -1 & 2 \\ 0 & 1 & 2 & -1 \\ 0 & 0 & 0 & 0 \\ 0 & 0 & 0 & 0 \end{pmatrix}$$

となるので，$\boldsymbol{a}_1$, $\boldsymbol{a}_2$, $\boldsymbol{a}_3$, $\boldsymbol{a}_4$ の 1 次独立な最大個数 $r = 2$,
$\boldsymbol{a}_1$, $\boldsymbol{a}_2$ は 1 次独立，　$\boldsymbol{a}_3 = -\boldsymbol{a}_1 + 2\boldsymbol{a}_2$, $\boldsymbol{a}_4 = 2\boldsymbol{a}_1 - \boldsymbol{a}_2$.

5.5　(1) $A = \begin{pmatrix} 0 & 1 & 0 \\ 0 & 0 & 1 \\ 0 & 0 & 0 \end{pmatrix}$　(2) $B = \begin{pmatrix} 0 & 1 & 0 \\ 0 & 0 & 2 \\ 0 & 0 & 0 \end{pmatrix}$

(3) $P = \begin{pmatrix} 1 & -1 & 1 \\ 0 & 1 & -2 \\ 0 & 0 & 2 \end{pmatrix}$ であるので $P^{-1}AP = B$ が成り立つ.

5.6　(1) $\begin{pmatrix} 1 \\ -1 \\ 0 \end{pmatrix}$, $\begin{pmatrix} 0 \\ 1 \\ -1 \end{pmatrix}$, 2 次元　(2) $\begin{pmatrix} 3 \\ -5 \\ -2 \end{pmatrix}$, 1 次元

(3) $\begin{pmatrix} 1 & 0 \\ 0 & 0 \end{pmatrix}$, $\begin{pmatrix} 0 & 1 \\ 0 & 0 \end{pmatrix}$, $\begin{pmatrix} 0 & 0 \\ 1 & 0 \end{pmatrix}$, $\begin{pmatrix} 0 & 0 \\ 0 & 1 \end{pmatrix}$, 4 次元

(4) $\begin{pmatrix} 1 & 0 \\ 0 & 0 \end{pmatrix}$, $\begin{pmatrix} 0 & 1 \\ 1 & 0 \end{pmatrix}$, $\begin{pmatrix} 0 & 0 \\ 0 & 1 \end{pmatrix}$, 3 次元

(5) $\begin{pmatrix} 1 & 0 \\ 0 & -1 \end{pmatrix}$, $\begin{pmatrix} 0 & 1 \\ 0 & 0 \end{pmatrix}$, $\begin{pmatrix} 0 & 0 \\ 1 & 0 \end{pmatrix}$, 3 次元

5.7　(1) $W(e^{2x}, e^{3x}) = (3 - 2)e^{5x} \neq 0$ より，1 次独立　(2) 1 次独立
(3) 1 次独立　(4) 1 次従属　$(\cos 2x = \cos^2 x - \sin^2 x)$

5.8　(1) $\dfrac{1}{\sqrt{2}}$, $\sqrt{\dfrac{3}{2}}x$, $\sqrt{\dfrac{5}{8}}(3x^2 - 1)$

(2) $P_0(x) = 1$, $P_1(x) = x$, $P_2(x) = \dfrac{1}{2}(3x^2 - 1)$

第 6 章の問

問 6.1　(1) 固有値 10, 固有ベクトル $\begin{pmatrix} 1 \\ 1 \end{pmatrix}$, 固有値 -8, 固有ベクトル $\begin{pmatrix} 1 \\ -1 \end{pmatrix}$

(2) 固有値 1, 固有ベクトル $\begin{pmatrix} 3 \\ -1 \end{pmatrix}$, 固有値 5, 固有ベクトル $\begin{pmatrix} 1 \\ 1 \end{pmatrix}$

問 6.2　(1) 固有値 3, 固有ベクトル $\begin{pmatrix} 3 \\ -2 \\ 5 \end{pmatrix}$, 固有値 -2, 固有ベクトル $\begin{pmatrix} 3 \\ -8 \\ 5 \end{pmatrix}$,

固有値 1, 固有ベクトル $\begin{pmatrix} 0 \\ 1 \\ -1 \end{pmatrix}$

(2) 固有値 -1, 固有ベクトル $\begin{pmatrix} 1 \\ -2 \\ -1 \end{pmatrix}$, 固有値 1, 固有ベクトル $\begin{pmatrix} 1 \\ 0 \\ -1 \end{pmatrix}$, 固有

値 0, 固有ベクトル $\begin{pmatrix} 1 \\ 1 \\ 0 \end{pmatrix}$

問 6.3 (1) 対角化可能,

$$P = \begin{pmatrix} 0 & 1 & 1 \\ 1 & -1 & -1 \\ -1 & 2 & 1 \end{pmatrix}, \quad P^{-1}AP = \begin{pmatrix} 1 & 0 & 0 \\ 0 & -2 & 0 \\ 0 & 0 & 5 \end{pmatrix}$$

(2) 重複度 2 の固有値 -1 に対して, 1 次独立な固有ベクトルが 1 つしか存在しないので対角化できない.

(3) 対角化可能,

$$P = \begin{pmatrix} 3 & 2 & 0 \\ -1 & -1 & 0 \\ 1 & 0 & 1 \end{pmatrix}, \quad P^{-1}CP = \begin{pmatrix} 3 & 0 & 0 \\ 0 & 2 & 0 \\ 0 & 0 & 2 \end{pmatrix}$$

第 6 章の演習問題

6.1 (1) $\det(\lambda E - A) = \lambda(\lambda - 9)^2 = 0$ より, $\lambda = 0, 9$ (2) $\operatorname{rank}(-A) = 2$,

$\operatorname{rank}(9E - A) = 1$ (3) $\dfrac{1}{3}\begin{pmatrix} 2 \\ -2 \\ 1 \end{pmatrix}$ (4) $\begin{pmatrix} 1 \\ 0 \\ -2 \end{pmatrix}, \begin{pmatrix} 0 \\ 1 \\ 2 \end{pmatrix}$

(5) $\dfrac{1}{\sqrt{5}}\begin{pmatrix} 1 \\ 0 \\ -2 \end{pmatrix}, \dfrac{1}{3\sqrt{5}}\begin{pmatrix} 4 \\ 5 \\ 2 \end{pmatrix}$ (6) $P = \begin{pmatrix} \frac{2}{3} & \frac{1}{\sqrt{5}} & \frac{4}{3\sqrt{5}} \\ -\frac{2}{3} & 0 & \frac{5}{3\sqrt{5}} \\ \frac{1}{3} & -\frac{2}{\sqrt{5}} & \frac{2}{3\sqrt{5}} \end{pmatrix}$,

${}^tPP = E$ (7) ${}^tPAP = \begin{pmatrix} 0 & 0 & 0 \\ 0 & 9 & 0 \\ 0 & 0 & 9 \end{pmatrix}$

6.2 (1) 固有値 1, 固有ベクトル $\begin{pmatrix} 2 \\ 1 \end{pmatrix}$, 固有値 11, 固有ベクトル $\begin{pmatrix} 1 \\ -2 \end{pmatrix}$,

$$^{t}PAP = \begin{pmatrix} 1 & 0 \\ 0 & 11 \end{pmatrix}, \quad P = \frac{1}{\sqrt{5}} \begin{pmatrix} 2 & 1 \\ 1 & -2 \end{pmatrix}$$

(2) $(x')^2 + 11(y')^2$ (3) 楕円

6.3 (1) $-1, -1, 8$

(2) $^{t}PAP = \begin{pmatrix} -1 & 0 & 0 \\ 0 & -1 & 0 \\ 0 & 0 & 8 \end{pmatrix}, \quad P = \begin{pmatrix} \frac{1}{\sqrt{2}} & -\frac{1}{3\sqrt{2}} & \frac{2}{3} \\ \frac{1}{\sqrt{2}} & \frac{1}{3\sqrt{2}} & -\frac{2}{3} \\ 0 & \frac{4}{3\sqrt{2}} & \frac{1}{3} \end{pmatrix}$

(3) $3x^2 + 3y^2 - 8xy + 4xz - 4yz$ (4) $-(x')^2 - (y')^2 + 8(z')^2$

索　引

講義 ： 線形代数

2015 年 3 月 30 日　　第 1 版　第 1 刷　発行
2016 年 1 月 30 日　　第 2 版　第 1 刷　発行
2023 年 3 月 30 日　　第 2 版　第 3 刷　発行

著　者　　鈴木　達夫
　　　　　穴太　克則

発行者　　発田　和子

発行所　　株式会社　学術図書出版社

〒113−0033　東京都文京区本郷 5 丁目 4 の 6
TEL 03−3811−0889　振替 00110−4−28454
印刷　三松堂（株）

定価はカバーに表示してあります.

本書の一部または全部を無断で複写（コピー）・複製・転載することは，著作権法でみとめられた場合を除き，著作者および出版社の権利の侵害となります. あらかじめ, 小社に許諾を求めて下さい.